PLANE
GEOMETRY

平面几何

助线是怎么想出来的

昭爸 张志朝 宋书华 —————— 著

人民邮电出版社
北 京

图书在版编目（ＣＩＰ）数据

搞定平面几何 ：辅助线是怎么想出来的 / 昭爸，张
志朝，宋书华著. -- 北京 ：人民邮电出版社，2024.5
ISBN 978-7-115-63537-2

Ⅰ．①搞… Ⅱ．①昭… ②张… ③宋… Ⅲ．①平面几
何 Ⅳ．①O182.1

中国国家版本馆CIP数据核字(2024)第025206号

内 容 提 要

许多人时常会感叹于一些数学题解法的简练和精妙，并感到困惑：这样巧妙的解法我怎么想不
到？本书将完整地展现求解几何题的思考过程，特别是从错误到正确的求索过程。全书分为两篇，
上篇以 17 道几何题为例，从学生的角度去探索和求解；下篇则分 7 讲完整地讲解平面几何的典型问
题，从教师角度启发和引导学生思考。书中不以题目的数量和知识点的覆盖面取胜，重在讲解思维
与方法。这些思维与方法不是平面几何所特有的，而是理工科解决未知问题的共性范式。学生通过
阅读本书可以掌握几何题背后的思考逻辑，从容解出平面几何题，将来面对未知问题也不再畏惧。

本书适合已经学完平面几何基础知识，希望搞定中考几何压轴题及数学竞赛几何题的学生阅读。

◆ 著　　　　昭　爸　张志朝　宋书华
责任编辑　周　璇
责任印制　马振武

◆ 人民邮电出版社出版发行　　北京市丰台区成寿寺路 11 号
邮编　100164　　电子邮件　315@ptpress.com.cn
网址　https://www.ptpress.com.cn
涿州市京南印刷厂印刷

◆ 开本：720×960　1/16
印张：13.5　　　　　　　　　　2024 年 5 月第 1 版
字数：202 千字　　　　　　　　2024 年 11 月河北第 6 次印刷

定价：79.80 元

读者服务热线：(010)53913866　印装质量热线：(010)81055316
反盗版热线：(010)81055315
广告经营许可证：京东市监广登字 20170147 号

自 序
PREFACE

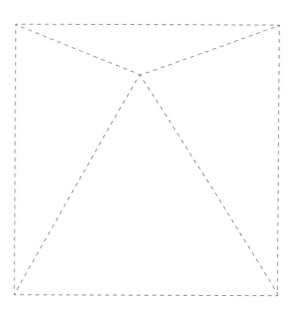

许多人在听老师讲课或看数学教辅书时常常会感叹于一些数学题解法的简练和精妙。但感叹之余，总觉得缺少了点什么。是不是这样的问题时常会让你感到困惑。

我是不是笨？这样巧妙的解法我怎么想不到？

类似这样的问题，会让大家对数学产生畏惧，觉得漂亮的解法远在云端、遥不可及。解法越是精妙，越是让人拍案叫绝，有时反而越会拉大数学与大家的距离。

这就好比观看杂技或舞蹈演出，我们看到的是几分钟的精彩表演，看不到的是演员们为了这几分钟表演所经历的无数次挫败和所付出的辛勤汗水。

最早的时候，我在公众号写过两篇题为《抽丝剥茧：一道几何题的完整思考过程》和《动点问题不用怕？其实我怕得要命！》的文章，把几道平面几何题的完整思考过程（特别是看似神来之笔的辅助线背后的思考逻辑）一览无余地展现给了大家。文章的留言道出了不少人的心声，引起了大家的共鸣。

能把解题的思路和尝试都写出来，很难得，解题思路才是最重要的。很多时候看标准答案知道是怎么回事，但自己怎么都想不到解题思路，归根结底还是没有解决自己的思路到底卡在哪里的问题。

学数学从来就不是简单的事！许多老师习惯于表演解题的虚假"秒杀"，而不愿意展现思维的曲折坎坷，这对学生的培养是十分不利的！真实的学习比什么都重要！

"老师，我感觉你可能是第一个坦诚的人，绝大多数人习惯于向别人展示轻而易举、毫不费力的一面，只有你在我读书的时候就告诉我很多讲座你一开始也听不懂。再比如这种题，它确实是需要思考，而不是一秒就能想到解决方法的。"

"看了这篇文章顿时不焦虑了，连张老师都害怕动点，哈哈哈，幸福果然是比较出来的。"

走弯路是太正常了，所以我除了反对那些××模型流派，其实更反对在学生面前保持绝对正确的教学，没有任何探索的过程，让学生觉得老师就是"神"，一眼看出辅助线怎么做。而当有一天，有个老师去教学生探索的时候，学生以为是这老师教学水平不行。但其实呢，难度大的题目如果一眼就知道怎么做，那只有一种可能，就是提前看过答案。

如果从小就是以这样的思维教我，我也不至于一直自我怀疑，为什么别人和老师都能一下子就找到正确解法，而我却思考很久还不一定能想出来，还得怀疑自己思考对了没有。事实证明，老师也会存在和我类似的思维，甚至也用过"精确作图"法。原来我只是不知道大家背后的思考过程其实都和我差不多。

有一点体会，也是读硕士及博士之后才渐渐发现的，那就是要相信自己，并且要刨根问底！不要思考为什么其他同学好像都听明白了，而自己却依然有一大堆为什么。有了问题就要持续思考，实在想不明白就问。其他同学没问题一般有两种可能。一是他们真的彻底明白了，真的没有问题。二是他们根本不知道自己哪里有疑问，也不知道自己哪里没有彻底搞懂。现实生活中，我遇到第二种情况的概率远大于第一种情况（确实会有第一种情况存在，只不过是概率问题）。但是无论如何，刨根问底总不会错，请相信自己并持续思考。人总是要"笨"一点才好。

这些留言促使我再次思考起一个问题：**一名优秀的数学教师应该教给学生什么？**

我高中时的数学老师张志朝是一名数学特级教师和优秀数学奥林匹克竞赛教练，他让我印象最深刻的是上课时常常会即兴讲解一道题，从头开始尝试，把整个解题的过程毫无保留地呈现给我们。这期间走弯路是常有的事，有时到一堂课结束还没有解完一道题。但正是这种抽丝剥茧的教学方法对我的影响很大，切切

实实地提升了我解决难题的信心与能力。

　　作为对比，我听闻某些中小学培训一堂课要讲十几道题。这么快的节奏，显然只能是直接给孩子"灌输"正确的结果。更让人担忧的是，现在一些机构和所谓的教学名师，为大家总结出了五花八门的模型和套路，热衷于表演解题的"秒杀技"。应用这些模型和套路确实能秒解不少为之量身定做的数学问题，但如果条件稍微变化一下，比如变成形似而神不似的问题，这种生搬硬套的做法就会暴露出巨大的问题。更重要的是，它的后遗症会很严重。

　　在我看来，一名优秀的数学教师并不会一味追求教给学生更多知识，也不会单纯教给学生最巧妙的解法，而是会给学生完整地展现整个思考过程，特别是自己从错误到正确的曲折思考过程。只有如此，才会让学生觉得原来这些优美的解法（尤其是平面几何中看似神来之笔的辅助线）并非是一蹴而就和遥不可及的，而是自己通过努力也可以触摸到的。久而久之，学生碰到没见过的难题才不会害怕。

　　题是做不完的，唯有背后的思维方法是解决一切问题的根本，能伴随人的一生。正如一句名言所说："当一个人把在学校里学到的知识忘掉，剩下的就是教育。"知识是精神和思维的载体，教育不能只关注载体，而忽视了本质。解题时展示标准答案背后苦苦求索的过程才是难能可贵的。

自从中学毕业后，我已经有 20 多年没接触过平面几何了，直到儿子上初中后偶尔问我几道题，我才又"捡"起平面几何。现在再回看这些几何问题，大部分第一眼看完没有直接的思路。不过，得益于从小没有在机械的套路中长大，解决问题都是以自我探索为主，所以碰到瞪了几眼还不会的问题时，我并不会慌乱。

　　对我而言，现在每做一道题都相当于走一次迷宫。我跟常年工作于一线教学的中学数学老师宋书华聊起这个话题。我说自己现在面对每道题一开始都没有思路，因为好多定理、公式和辅助线套路都忘光了，虽然会走不少弯路，花不少时间，但依靠教育在我身上留下的东西，最后基本也能解出题目。

　　每一次柳暗花明后，我都有一种酣畅的感觉。在解题过程中走的某些弯路，可能在一些一线教师看来缺乏技巧。但恰恰因为一线老师题目做多了，很容易把题一眼看穿，反而不太能对学生解这些题时所遭遇的曲折感同身受，也难以体会学生在黑暗中看到光明那一瞬间的狂喜。

　　宋老师坦言确实如此，他觉得类似我目前这样的状态才最符合学生的思维特点。

　　正是在这样的背景下，我萌生了写这样一本平面几何解题书的想法，希望能把自己最原始的想法从头至尾都展示给读者，让大家不再害怕平面几何问题。特别是，解平面几何题不应只依赖于灵感和神来之笔，其背后应有一整套接地气的

方法与逻辑。本书在解题中所用的思维与方法，不是平面几何所特有的，而是理工科解决未知问题的共性范式：观察、发现、猜想、论证。当然，整个过程不可能一帆风顺，而是伴随着错误和反思的螺旋式上升的过程。

　　本书不以题目的数量和知识点的覆盖面取胜，但为了不脱离一线教学，我邀请了前文提及的张志朝老师和宋书华老师一起来写这本书。两位老师的理念与我高度一致，教学经验以及对平面几何整体性和专业性的把握却要胜过我许多。 相比较而言，我更多是站在一名学生的角度去探索和求解问题，而两位老师则更多是从教师的角度去启发和引导学生思考，希望这两种不同风格的讲解也能如解题中的综合法与分析法一样胜利会师，最终为读者完成一幅解题的完整拼图。

旸爸

2023 年 3 月

目 录
CONTENTS

上篇
探索及求解十七题

一

　　我们常常觉得平面几何题难，但一看到人家作的辅助线，往往有两种反应：第一种是觉得不过如此，原来这么简单；第二种则是直呼神来之笔。

　　要我说这两者都不可取。第一种情况最不可取，轻描淡写的背后，可能不知经历了多少挫折，凝聚了多少心思。第二种情况稍好点，但言下之意，既然是神来之笔，自己肯定想不到。其实，神来之笔的背后并不一定是灵感，很多时候是思考过程的必然归宿。

　　遗憾的是，绝大多数的解题答案只给我们呈现最终得出的正确思路，隐藏了背后完整的思考过程，而这个过程恰恰才是最重要的。

　　正如在序言中所说，我不接触平面几何已有 20 多年。经过这么多年，留下的只有最核心的基础知识和思维方法，许多定理、方法和套路早就忘了。于我而言，每次做题都是一次苦苦求索的过程。17 是个很特殊的数，高斯曾把正十七边形的尺规作图视作自己的一大成就，17 也是费马数 $F_2 = 2^{2^2} + 1$，在上篇我就通过 17 道题为大家展示隐藏于神来之笔背后的东西。

第一题
QUESTION 1

———

等边三角形 ABC 中，AD 垂直于 BC，M、N 分别是 AD 和 AC 上的两点，且 $AM=CN$，请问，当 $BM+BN$ 最小时，$\angle MBN$ 是多少度？

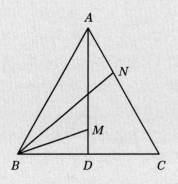

首先，这是一道与动点有关的题目。很多人碰到动点问题就犯怵，这可以理解。相较于确定和不变的东西，人们总是对不确定的、变化的东西心怀恐惧。而题目所要考察的往往是在变化中寻找和发现相对不变性的能力，这对许多人而言是一项比较高的要求。

对于这类动点问题，一般可以先考虑几个特殊情况，从而对问题有个初步的把握，以消除内心的部分恐慌。

在本题中，当 $AM=CN=0$ 时，M 与 A 重合，N 与 C 重合，$BM+BN=BA+BC$，此时 $BM+BN$ 取得符合要求的所有情况里的最大值。

而如果 M 与 D 重合，则此时 BM 取得最小值，但 BN 并不取得最小值。反之，如果 N 为 AC 的中点，此时 BN 取得最小值，但 BM 并不是最小值。

我的第一个思考是利用对称性，比如把 *BM* 转换成下面的 *CM*，但这样 *CM* 和 *BN* 离得更远了。显然，这样的辅助线没什么效果。

这里就涉及作辅助线的一个基本原则：**辅助线应该把题目中分散的条件最大程度地联系起来，最好是聚合起来，而不是让它们更分散。**

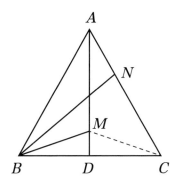

怎么利用 *AM=CN* 这个条件？目前，这 2 条边在图中没什么直接关联，能不能让它们跑到一起，变成一个等腰三角形之类的？

基于这一想法，我想到了下面的旋转，即让 △*BCN* 绕 *B* 点逆时针旋转 60° 至 △*BAP* 的位置。此时可得：*AP=CN=AM*，∠*PAB*=∠*NCB*=60°，因此 ∠*PAM*=90°，从而 △*PAM* 为等腰直角三角形；同时，△*BPN* 为等边三角形，*BN=BP=PN*，因此 *BM+BN=BM+BP*。

这种作辅助线的方法确实把许多条件聚合到了一起。但问题在于 *P* 点依旧为动点，仍然不能解决 *BM+BN* 什么时候最小的问题。

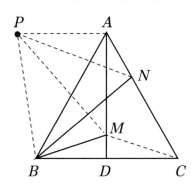

2 次正面尝试，都遭遇了挫折。这时，我不得不停下来，尝试从结论来思考一下这个问题。

为了让 $BN+BM$ 最小，一般而言，我们需要下面这样的模式。也就是找到一个 P 点，使得 $PN=BM$，这样 $BN+BM=BN+NP$，从而，当 B、N、P 为一条直线时 $BN+BM$ 取得最小值。当然，这有一个前提，也就是 P 点必须为定点！

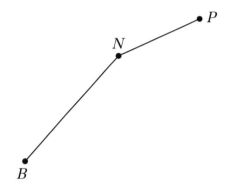

为此，我们不妨先把 BM 搬到 NP 的位置，来逆向思考一下到底要作什么辅助线。

此时，如果我们连接 PC，我们发现 $NP=MB$，$NC=MA$，也就是 $\triangle NCP$ 和 $\triangle MAB$ 已经有两条边对应相等了。这一观察发现显然在引导我构造全等三角形。如果还有 $PC=BA$，那么 $\triangle PCN \cong \triangle BAM$，此时应该有 $\angle PCN = \angle BAM=30°$。

据此，我们就很容易得到下面的辅助线作法，即：作 $\triangle PCN \cong \triangle BAM$。由于 $\angle PCN = \angle BAM=30°$，因此 $PC \perp BC$，并且 $PC = BA$ 为定长，这表明 P 点一定为定点。

从而，$BM+BN=PN+BN$。显然，当 B、N、P 三点共线时 $BM+BN$ 取最小值。此时，$\triangle BCP$ 为等腰直角三角形，$\angle NPC=\angle PBC=45°$。

由于 $\triangle BAM \cong \triangle PCN$，因此 $\angle ABM=\angle CPN=45°$。

从而，$\angle MBN=45°+45°-60°=30°$。

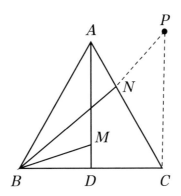

当然，上面的做法是把 *BM* 搬家，我们是否可以进一步思考一下：能不能把 *BN* 搬家呢？其实也行，我画了个示意图，大家可以自行体会。这种思考方式，蕴含着对称的思想。

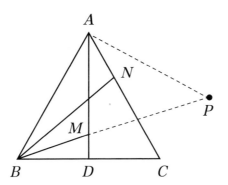

所以你看，如果我直接把辅助线和答案写出来，那就少了点儿意思。你可能会觉得原来这么简单，也可能会惊呼：哇，昍爸你的灵感真好！但其实不然，我也是经过了挫折之后调整方向，才得到了正确的解法。而这个过程，涉及从条件出发和从结论出发两方面的推进。解题其实很多时候大都是这样，正着解题遇挫不妨反着再试试，两方面同时推进，最后胜利会师！

第二题
QUESTION **2**

> 在△ABC中是否存在一点P，使得过P点的任意一条直线都将该△ABC
> 分成面积相等的两部分？为什么？

如果是一个平行四边形或任何一个中心对称的图形，那这个问题的答案显然是肯定的：P直接取这个中心点即可。

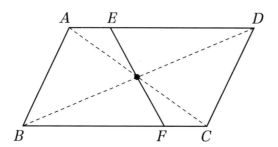

可三角形不是中心对称图形，这样的点到底存不存在呢？有些人不习惯做这样的开放性问题，主要还是缺乏一点儿探索精神和方法。

题目既然说任意一条直线都可以将△ABC的面积等分，那我们何不来画几条特殊的直线呢？比如，经过三角形某个顶点的直线。

如下图所示，如果经过AP的直线等分△ABC的面积，即$S_{\triangle ABD}=S_{\triangle ACD}$，则$BD=CD$，即$P$应在中线$AD$上。

同样的道理，P也应该在AC边上的中线BE和AB边上的中线CF上。因此，如果存在这样的点，那P点只能为△ABC的重心。

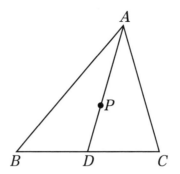

现在已经把唯一可能满足题目要求的点找出来了，下面自然就是试图去证明 P 点满足要求了。

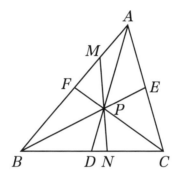

我们经过 P 点作任意一条直线分别交 AB、BC 于 M、N，试图去证明 MN 等分 $\triangle ABC$ 的面积。由于 $S_{\triangle APF}=S_{\triangle BPF}=S_{\triangle BPD}=S_{\triangle CPD}=S_{\triangle CPE}=S_{\triangle APE}$，因此我们需要证明 $S_{\triangle APM}+S_{\triangle CPN}=S_{\triangle FPM}+S_{\triangle DPN}$。在这个图里，$M$ 看上去像是 AF 的中点，如果我们就把 M 设为 AF 中点的话，那 $S_{\triangle APM}=S_{\triangle FPM}$，但 DN 看上去显然不等于 NC，这表明似乎 MN 并不等分 $\triangle ABC$ 的面积啊。

到这儿，结论来了个 $180°$ 的转弯。这是值得庆幸的好事，避免我们在错误的道路上越走越远。想象一下，如果我们没有这个发现，那可能还会傻乎乎地继续去证明 MN 等分 $\triangle ABC$ 的面积这个并不正确的结论呢。

要证明一个结论正确往往不容易，但要证明一个结论错误，在逻辑上很简单，我们只要找出一个反例就可以了。我们不妨用一种特殊的三角形——等边三角形来看一看。如果我们过 P 点作 MN 平行于 BC，那么由于 $AP=2PD$，所以

$S_{\triangle AMN} = \dfrac{4}{9} S_{\triangle ABC}$，显然没有等分 $\triangle ABC$ 的面积。因此，这样的点是不存在的。

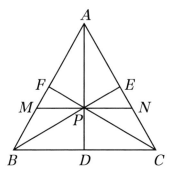

对于任意三角形，如果我们过 P 点作 MN 平行于 BC，上述结论也一样成立。

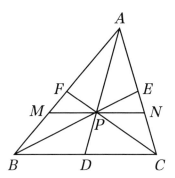

大家可以看到，在求解一个问题的时候判断出现错误是难免的，能及时发现错误至关重要。我的一个经验是：不要吝啬自己的笔头，多画几个图，利用一些特殊案例帮助我们做出正确的判断。

第三题
QUESTION 3

——

如图，△ABC 中，AB=4, BC=5, CA=3, 分别以 AB、BC、CA 为边向外作正方形 ABDE、BCFG、CAPQ。问：EP、DG、QF 三条线段能否作为一个三角形的 3 边？若能，则此三角形的面积为多少？若不能，说明理由。

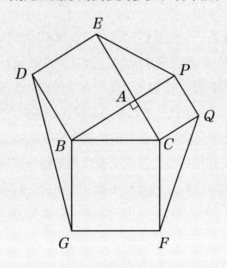

上图是一幅非常经典的图，首先让我联想到欧几里得《几何原本》中的勾股定理证明中使用的类似的一幅图。如下图所示，连接 AG、CD、AF、BQ，则有 △ABG ≌ △DBC。实际上，将 △ABG 绕 B 点逆时针旋转 90° 即到 △DBC 的位置。同样，将 △ACF 绕 C 点顺时针旋转 90° 即与 △QCB 重合。但题目中提到的是 EP、DG 和 QF 这 3 条边，与这几个三角形都没有直接的关联，似乎并不是要考查勾股定理证明中所用到的辅助线。

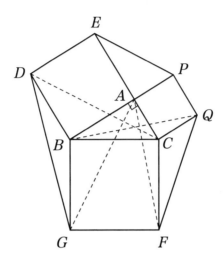

回到问题本身,这是一个开放性问题。首先我们得给出结论,即 EP、DG 和 QF 能不能构成三角形?严格意义上来说,如果只告诉我们 $\triangle ABC$ 是直角三角形而不告诉我们 3 条边的长度,那答案可能会有 3 种:(1)能;(2)不能;(3)有时能,有时不能。但对于 3 条边长度都确定的情况,答案当然只能是其中之一。

为了回答能或不能的问题,我要拿出精确作图的法宝了。作这个图并没有什么难度,作完后用直尺先量一量,发现 3 条边是能够构成三角形的。大家千万不要轻视这种方法,实验本身就是寻找真相的一种手段,后面加上严谨的证明就能构成闭环。

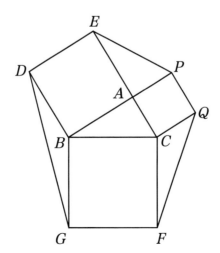

　　既然我们相信能构成三角形，那能不能把这个三角形构造出来？目前，EP、DG 和 QF 三者并不相邻，我们希望能把它们移到一个三角形里。

　　不妨固定 DG 不动。怎么让 QF 和 EP 移动到某个位置与 DG 构成三角形呢？平移是一个不错的做法。

　　如下图所示，似乎可以把 FQ 和 EP 分别平移到 GM 和 DM 的位置，从而与 DG 构成三角形 DMG。但 QF 和 EP 平移后是否恰好交于 PB 上的一点？这需要证明。

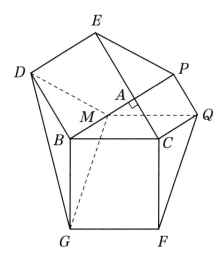

　　要正面证明 DM 和 GM 的交点就在 PB 上不太好办，不妨换个思路，我们先把 M 点找到，然后来证明 $DM=EP$ 且 $GM=FQ$。为此，我们可以在 BP 上截取 BM 使得 $BM=CQ$（或者，也可以过 D 点作 EP 的平行线交 BP 于 M），连接 GM、QM 和 DM。

　　由于 $CQ/\!/BP$，$CF/\!/BG$，因此 $\angle FCQ=\angle GBM$，而 $CQ=BM$，$CF=BG$，因此 $\triangle FCQ \cong \triangle GBM$，从而 $GM=FQ$。

　　类似地，我们可以证明 $\triangle DBM \cong \triangle EAP$，从而 $DM=EP$。

　　因此 EP、QF 和 DG 可以构成三角形，即为 $\triangle DMG$。

　　下面我们来求这个三角形的面积。

　　$\triangle DMG$ 中，$DM=EP=BC=5$，但 DM 上的高似乎不太容易求。当然，如果能

求出三角形的 3 边长 a、b、c，那用海伦公式 $s = \sqrt{p(p-a)(p-b)(p-c)}$ 也能求出三角形的面积，其中 $p = \dfrac{a+b+c}{2}$。

利用余弦定理，我们可以分别求出 GM 和 DG 的长度。

在 $\triangle DBG$ 中应用余弦定理得：

$$
\begin{aligned}
DG^2 &= DB^2 + BG^2 - 2DB \cdot BG \cdot \cos\angle DBG \\
&= DB^2 + BG^2 + 2DB \cdot BG \cdot \cos\angle ABC \\
&= 4^2 + 5^2 + 2 \times 4 \times 5 \times \frac{4}{5} \\
&= 73
\end{aligned}
$$

类似地，在 $\triangle MBG$ 中应用余弦定理得：

$$
\begin{aligned}
MG^2 &= MB^2 + BG^2 - 2MB \cdot BG \cdot \cos\angle MBG \\
&= MB^2 + BG^2 - 2MB \cdot BG \cdot \cos(90° + \angle ABC) \\
&= MB^2 + BG^2 + 2MB \cdot BG \cdot \sin\angle ABC \\
&= 3^2 + 5^2 + 2 \times 3 \times 5 \times \frac{3}{5} \\
&= 52
\end{aligned}
$$

因此，$\triangle DMG$ 的三边长分别为 5，$2\sqrt{13}$，$\sqrt{73}$。这并不是一个特殊的三角形，虽然我们可以用海伦公式求出其面积，但计算会挺复杂。

当然，3 条边长确定了也可以不用海伦公式求三角形的面积。比如，可以利用余弦公式求出 $\cos\angle DMG$，然后算出 $\sin\angle DMG$，最后求出 $\triangle DMG$ 的面积。具体地：

$$
\cos\angle DMG = \frac{25 + 52 - 73}{2 \times 5 \times 2\sqrt{13}} = \frac{1}{5\sqrt{13}}
$$

从而，$\sin\angle DMG = \dfrac{18}{5\sqrt{13}}$

最后，$S_{\triangle DMG} = \dfrac{1}{2} DM \cdot MG \cdot \sin\angle DMG = \dfrac{1}{2} \times 5 \times 2\sqrt{13} \times \dfrac{18}{5\sqrt{13}} = 18$

不管从哪个角度看，上面的计算还是烦琐了一点。除了直接用三角形面积公式外，我们是否还可以用最朴素的割补法来求 $\triangle DMG$ 的面积呢？

$$S_{\triangle DMG}=S_{\triangle DBG}+S_{\triangle DBM}+S_{\triangle GBM}$$

$$S_{\triangle DBM}=S_{\triangle EAP}=6$$

$$S_{\triangle DBG}=\frac{1}{2}BG\cdot DB\cdot\sin\angle DBG=\frac{1}{2}BG\cdot DB\cdot\sin\angle ABC=6$$

$$S_{\triangle GBM}=\frac{1}{2}\cdot BG\cdot BM\cdot\sin\angle GBM=\frac{1}{2}\cdot BG\cdot BM\cdot\cos\angle ABC=6$$

因此，$S_{\triangle DMG}=18$。

除了利用 $S_{\triangle ABC}=\frac{1}{2}a\cdot b\cdot\sin\angle ACB$ 这一公式求 $\triangle DBG$ 和 $\triangle GBM$ 的面积，我们还可以换个角度来看。由于 $\angle ABC+\angle DBG=180°$，因此，如果我们将 $\triangle DBG$ 绕 B 点顺时针旋转 $90°$ 的话，那就到 $\triangle ABH$ 的位置，其中 $HB=BG$，且 H、B、C 三点共线。$\triangle AHB$ 和 $\triangle ABC$ 等底同高，面积相等。因此 $S_{\triangle DBG}=S_{\triangle ABC}$。类似地，我们可以把 $\triangle QCF$ 绕 C 点逆时针旋转 $90°$ 来证明 $S_{\triangle QCF}=S_{\triangle ABC}$。

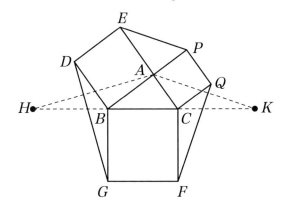

基于上面的这个思想，原问题还可以拓展到任意三角形，具体见本书 P160 的例 6。

第四题
QUESTION 4

——

已知等边三角形 ABC 和等腰三角形 CDE，$CD=DE$，$\angle CDE=120°$。

（1）如图 1 所示，点 D 在 BC 上，点 E 在 AB 上，P 是 BE 的中点，连接 AD、PD，则线段 AD 与 PD 之间的数量关系为 _____；

（2）如图 2 所示，点 D 在 $\triangle ABC$ 内部，点 E 在 $\triangle ABC$ 外部，P 是 BE 的中点，连接 AD、PD，则（1）中的结论是否仍然成立？若成立，请给出证明，若不成立，请说明理由。

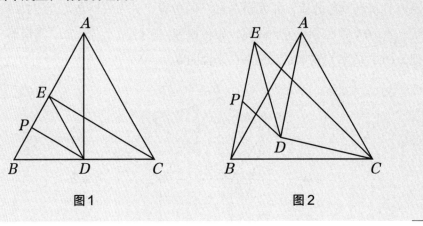

图1　　　　　　　　　　图2

第一问属于送分题。因为 $\angle B=\angle BDE=60°$，所以 $\triangle BDE$ 为等边三角形。因为 P 为 BE 的中点，所以 $DP\perp AB$，又因为 $CD=DE=DB$，所以 D 为 BC 的中点。因此 $AD\perp BC$，故 $AD=2PD$。

下面看第二问。由于第一问是通过证明 $\triangle APD$ 为一个角为 30° 的直角三角形来证明 $AD=2PD$ 的，我的第一个想法就是连接 AP，希望以同样的方式来证明 $\triangle APD$ 是直角三角形，且 $\angle PAD=30°$。但是，仅仅作这条辅助线，不能有效利用

P 为 BE 中点和 $\triangle EDC$ 是顶角为 120° 的等腰三角形这两个条件。

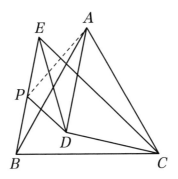

由于图中有等边三角形，为了有效率利用 $\angle EDC=120°$ 这个条件，一个自然的想法是再构造一个等边三角形。比如，我们可以延长 CD 至 K，使得 $DK=CD$。由于 $DE=DC=DK$，从而 $\triangle KED$ 为等边三角形，且 $\angle KEC=90°$，$\angle ECK=30°$。这样作辅助线确实把 $\triangle ECD$ 是顶角为 120° 的等腰三角形这一条件利用起来了，但 P 为 BE 的中点这一条件还是难以被有效利用。

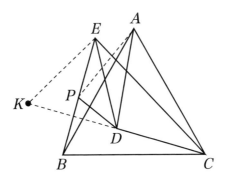

除了延长 CD，我们对称地还可以延长 ED 至 K，使得 $DK=ED$。这个时候，我们发现 P 为 BE 的中点，D 为 EK 的中点，如果连接 BK，那就能有效地把 P 为 BE 的中点这个条件也利用起来。这样的辅助线符合我之前讲的一条原则：辅助线应该把题目中分散的条件最大程度地联系起来。

由于 PD 为 $\triangle EBK$ 的中位线，因此 $BK=2PD$，剩下的只需证明 $BK=AD$ 即可。显见，$\triangle CBK$ 是 $\triangle CAD$ 绕 C 点逆时针旋转 60° 所得（或者证明 $\triangle CBK \cong \triangle CAD$），因此 $BK=AD$。

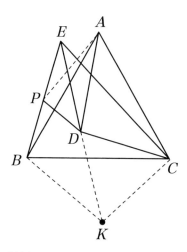

上面的解法是先考虑利用△EDC是顶角为120°的等腰三角形这个条件，那么我们能不能先考虑P为BE的中点这个条件呢？考虑到我们希望证明的结论是AD=2PD，因此可以先延长DP至K，使得PK=DP，这样就把2PD给作出来了。此时，连接KE、KB、BD，则四边形BDEK为平行四边形，从而有BK=DE=CD。

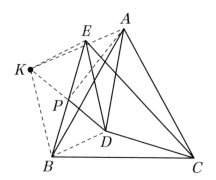

假如△APD仍然是和第一问一样是∠PAD=30°的直角三角形，那么△AKD应该是等边三角形。为了证明△AKD为等边三角形，我们只需要证明AK=AD且∠KAD=60°即可。由于AB=AC，BK=CD，如果AK=AD，则△ABK≌△ACD。为此，只需证明∠ABK=∠ACD。注意到AC和AB的夹角为60°（AC绕A点顺时针旋转60°后与AB重合），CD和ED的夹角为60°（CD绕D点顺时针旋转60°后与ED共线），而KB//ED，从而∠ABK=∠ACD，所以△ABK≌△ACD。因此，可以把△ABK看成将△ACD绕A点顺时针旋转60°所得（实际上，我先观察出了这一事实，然后才给出前面基于旋转的∠ABK=∠ACD的证明方法）。这就证明了△AKD为等边三角形，从而AD=2PD。

　　一道几何问题里面会有不少的条件，我们需要去思考如何把这些条件有效利用起来。某些条件可能比较容易利用，这时可以先尝试着用起来，然后看看其他条件是否能一并用上，如果不能，那可以转换角度和次序再试试。解题就是一个不断尝试和调整的过程。此外，有些平面几何题会包含几个问题，前后的问题之间会有关联。此时，可以循着第一问的方向去思考后面问题的解答，往往前面问题的解答对解答后面问题有一定的启示。

第五题
QUESTION 5

———

如图所示，在 $\triangle ABC$ 中，$\angle ABC = 45°$，AD、BE 分别为 BC、AC 边上的高，连接 DE，作 $FD \perp DE$ 于点 D，F 在 BE 上，G 为 BE 中点，连接 AF、DG.

（1）如图 1 所示，若点 F 与点 G 重合，求证：$AF \perp DF$；

（2）如图 2 所示，请写出 AF 与 DG 之间的关系并证明。

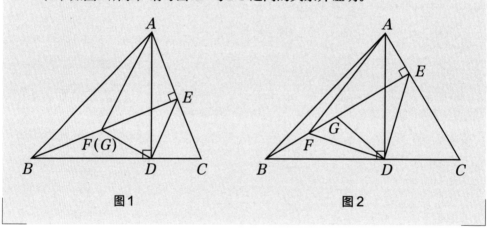

图1　　　　　　　　　图2

先看第一问，我们先把图作好。由于图里有一个等腰直角三角形 ABD，观察一下，似乎 $\triangle DEF$ 也是等腰直角三角形。

假如它是等腰直角三角形，那么 $DE=DF$，$AD=BD$，似乎 $\triangle BDF \cong \triangle ADE$。而如果这两个三角形确实全等的话，那么 $BF=AE=GE$，从而 $\triangle AEF$ 也是等腰直角三角形，这样就证明了 $AF \perp DF$。

那么，$\triangle BDF \cong \triangle ADE$ 是否成立呢？其中 $BD=AD$，$\angle FBD=90°-\angle C= \angle EAD$，$\angle FDB=90°-\angle ADF=\angle EDA$，因此 $\triangle BDF \cong \triangle ADE$，从而 $DF=DE$ 且 $BF=AE$。这就证明了 $\triangle DEF$ 和 $\triangle AEF$ 都是等腰直角三角形，从而 $AF \perp DF$。

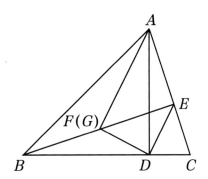

基于可靠的图做出大胆的猜测，常常是几何证明的一大途径。

其实，除了利用全等三角形，我们还可以利用四点共圆来证明△DEF为等腰直角三角形。由于∠AEB=∠ADB=90°，因此A、B、D、E在以AB的中点为圆心，AB为直径的圆上。从而∠BED=∠BAD=45°，因此△DEF为等腰直角三角形。

下面再看第二问，要写出AF和DG的关系并证明。首先，得给出AF和DG的关系。精确地作好图，然后量一下AF和DG的长度，发现大致满足AF=2DG。如果还不敢确定，那可以通过移动C点多作几张不同的图来，从而基本可以做出肯定的回答，即AF=2DG。

为了证明AF=2DG，本书提供了4种途径。

一种是取AF的中点K，然后证明AK或FK等于DG即可。

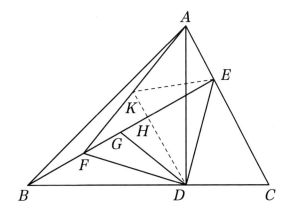

根据第一问的证明过程，我们知道△AED≌△BFD，因此DE=DF。而KE为直角三角形AFE的中线，因此KE=KF，从而△EDK≌△FDK，所以

$\angle KDE = KDF = 45° = \angle GED = \angle GFD$，据此可得 $KD \perp BE$，不妨设垂足为 H。如果 $AF = 2GD$ 成立，那么有 $AK = KF = KE = GD$。我们大致可以观察出几组全等三角形，如：$\triangle AKD \cong \triangle DGB$，$\triangle KFD \cong \triangle KED \cong \triangle GDE$。但是想要证明三角形全等时，却总是发现缺一个条件，比如想要证明 $\triangle AKD \cong \triangle DGB$，我们有 $AD = DB$，$\angle ADK = 90° - \angle BDK$，由于 $DK \perp BE$，因此 $\angle DBG = 90° - \angle BDK$，从而 $\angle ADK = \angle DBG$，但剩下的一个角度相等却难以证明。究其原因，在于并没有利用 G 点是 BE 中点的这一条件。而如果考虑 $\triangle KFH$ 和 $\triangle GDH$，则由于两者均为直角三角形，且 $HF = HD$，因此只要证明 $KH = GH$ 就能证明这 2 个三角形全等。这时，G 为 BE 的中点就有用了。由于 KH 为 $\triangle FAE$ 的中位线，且 $BF = AE$，因此 $KH = \frac{1}{2} AE = \frac{1}{2} BF = \frac{1}{2}(BE - EF) = \frac{1}{2} BE - \frac{1}{2} EF = EG - EH = GH$。由此可知 $\triangle KFH \cong \triangle GDH$，因此 $GD = KF = \frac{1}{2} AF$。

除了直接取 AF 的中点，还可以利用三角形的中位线。比如，在 $\triangle ABF$ 中分别取 BA 和 BF 的中点 N、M，连接 MN，则 $MN = \frac{1}{2} AF$，只要证明 $MN = DG$ 即可。此时，连接 NG，则 NG 为 $\triangle ABE$ 的中位线，这样就把 G 为 BE 中点这个条件利用起来了。作 DH 垂直于 EF 于 H，则 H 为 EF 的中点。由于 $AE = BF$，因此 $NG = \frac{1}{2} AE = \frac{1}{2} BF = \frac{1}{2}(BE - FE) = \frac{1}{2} BE - \frac{1}{2} FE = EG - EH = GH$。由于 $\angle NGM = \angle GHD = 90°$，如果我们能证明 $MG = HD$，则 $\triangle MNG \cong \triangle DGH$，就能得出 $MN = DG$。MG 是不是等于 HD 呢？我们类似地做一个简单的推理：$MG = BG - BM = \frac{1}{2} BE - \frac{1}{2} BF = \frac{1}{2}(BE - BF) = \frac{1}{2} EF = HD$。这就完成了我们的证明。

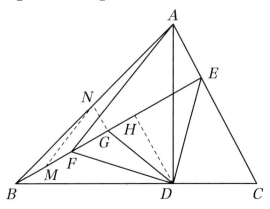

除了在△ABF中用中位线作出 $\frac{1}{2}AF$ 来，我们也可以在△AEF中作中位线 MH，从而 $MH = \frac{1}{2}AF$，下面我们要证明 $MH=GD$。连接 HD，由于△DEF为等腰直角三角形，因此 $DH \perp EF$ 且 $DH=HE$。显然，我们只要证明2个直角三角形 DHG 和 HEM 全等即可。为此，只需证明 $GH=ME$。由于 $AE=BF$，我们可以进行以下计算：

$$GH = GE - HE = \frac{1}{2}BE - \frac{1}{2}EF = \frac{1}{2}(BE - EF) = \frac{1}{2}BF = \frac{1}{2}AE = ME$$

而 $HD=EH$，$\angle GHD = \angle MEH = 90°$，因此△$DHG \cong$△$HEM$，从而 $DG = HM = \frac{1}{2}AF$。

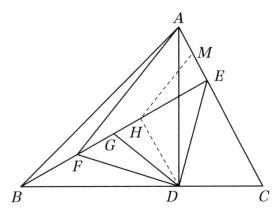

除了前面3种方法，为了证明 $AF=2DG$，我们还可以作出 $2DG$，然后证明 AF 与这作出的 $2DG$ 相等。由于 G 为 BE 的中点，因此我们可以延长 DG 至 K 使得 $DG=GK$，这样既作出了 $2DG$，又自然把 $BG=GE$ 的条件给用上了。连接 KB、KE，则 $BDEK$ 是平行四边形。下面就是要证明 $AF=DK$。

由于 $AD=DB$，并且根据第一问，我们知道△$BFD \cong$△AED，因此 $DF=DE=BK$，如果 $AF=DK$ 的话，那应该有△$ADF \cong$△DBK。既然这2个三角形已经有2条对应边分别相等，我们只要再证明 $\angle ADF = \angle DBK$ 即可。$\angle ADF = 90° - \angle ADE = \angle CDE = \angle DBK$，从而△$ADF \cong$△$DBK$，因此 $AF=DK=2GD$。

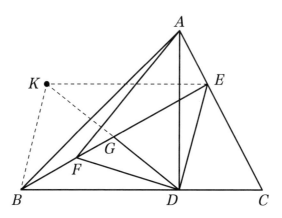

　　通过上面的分析可以看到，解题的关键是要想清楚题目的每个条件该怎么用，怎样才能把题目看似分散的条件联系起来。只要大方向正确，条条大路通罗马。平时解题的时候，一定不要满足于一种解法，而是要多想一点，尽量做到一题多解。

第六题
QUESTION 6

如图所示，平行四边形 $ABCD$ 中，$AF \perp BC$，E 为 BC 上的一点，$EI \perp AB$，$EH \perp AC$，如果 $GE=CD$，请写出 AH、EH 和 FH 三者之间的数量关系，并予以证明。

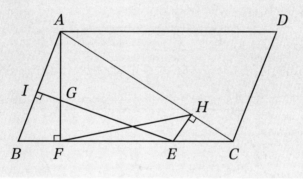

这种题属于大部分人比较害怕的问题。为什么？**因为结论需要自己去探索，不是简单的是与否、能或不能，而是有无限种可能的数量关系，这是许多人所不擅长的。**

我拿到这个题，也没有什么好的思路。不管三七二十一，先试着猜一下 AH、FH 和 EH 是什么关系吧。根据上面这个图，我的第一个猜测是 $AH=FH+EH$。可这个猜测对不对呢？又要拿出精确作图的绝招了。

但是，这个图怎么才能精确地作出来呢？精确作图能体现出一个人平面几何的基本素养，既要有意识，又要有技巧。许多时候，通过自己作图能更好地发现图中一些量之间的约束关系。

题目中 E 看似动点，要保证 $GE=CD$ 并不容易。我注意到 $AB=CD=EG$，

$\angle AFB = \angle EFG = 90°$，$\angle BAF = \angle GEF = 90° - \angle ABF$，因此，$\triangle ABF \cong \triangle EGF$，从而，$EF = AF$。

因此，为了精确作出此图，我们可以先作 $\triangle ABF$，然后在 BF 的延长线上取一点 E，使得 $EF = AF$，再作 $EI \perp AB$ 即可，后面的平行四边形 $ABCD$ 可以作任意大小。

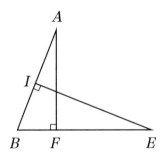

为了验证上面的猜测 $AH = FH + EH$ 是否正确，我又作了下面这张图。

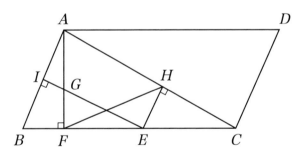

很明显，$AF \neq FH + EH$。这个结果让我有点儿沮丧，但也让我及时调整方向。我们鼓励大胆猜想，但猜想可能正确，也可能错误，及时发现猜想不正确，可以避免我们在错误的解题道路上越走越远。

又作了几张图后，依然没有观察出 AF、FH 和 EH 三者的数量关系。但我大概发现了一个现象：就是无论 BC 的长度怎么变化、H 点如何变化，$\angle FHE$ 的大小似乎不变，用 45° 的直角三角板量一下，好像一直是 45°。在解题过程中，要时刻善于在变化中发现不变的东西！

这个结论不难证明。连接 AE，$\triangle AFE$ 为等腰直角三角形，所以 $\angle FAE =$

$\angle FEA = 45°$。如果我们能证明$\angle FHE = \angle FAE$就好了。由于$\angle AFE = \angle AHE = 90°$，因此$A$、$F$、$E$、$H$四点共圆，从而$\angle FHE = \angle FAE = 45°$，$\angle AHF = \angle AEF = 45°$。

可有了这个角的角度是$45°$又有什么用呢？又一次陷入了困局。

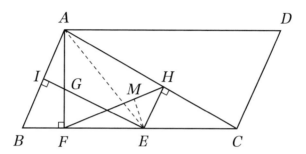

回头再看问题，要问的是AH、EH、FH三者之间的关系。由于$\angle FHE = 45°$，如果我过E点作FH的垂线交FH于M点，则$EM = MH = \dfrac{\sqrt{2}}{2} EH$，这就能把$FH$和$EH$关联起来，即：$FH = FM + MH = FM + \dfrac{\sqrt{2}}{2} EH$。

怎么把AH和它们也关联起来呢？

之前我们证明了A、F、E、H四点共圆，所以$\angle EAH = \angle EFM$，因此$\triangle AEH \backsim \triangle FEM$，这样我们就能把$AH$和$FM$、$EH$关联起来了，即$\dfrac{AH}{FM} = \dfrac{EH}{EM} = \sqrt{2}$，将$FM = FH - \dfrac{\sqrt{2}}{2} EH$代入得$\dfrac{AH}{FH - \dfrac{\sqrt{2}}{2} EH} = \sqrt{2}$，整理后就得出$AH$、$EH$和$FH$三者之间的数量关系为：$AH + EH = \sqrt{2} FH$。

所以，这里的关键点之一是发现$\angle FHE = 45°$，这也是我在多次精确作图后作出的大胆猜测。如果没有学过四点共圆（教科书现已删除该知识点），能不能证明这个结论？当然可以。

连接AE，取AE的中点O，连接OF、OH，延长HO至R。

因为$\triangle AFE$和$\triangle AHE$都为直角三角形且O为AE的中点，

所以$OF = OA = OE = OH$。

因为$\triangle AFE$为等腰直角三角形且O为AE的中点，

所以$\angle AOF = 90°$，

$\angle AOR=2\angle AHO$，

$\angle FOR=2\angle FHO$，

所以 $\angle AOF=\angle AOR+\angle FOR=2（\angle AHO+\angle FHO）=2\angle AHF$，

所以 $\angle AHF=45°$。

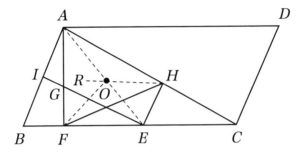

得出 $AH+EH=\sqrt{2}\ FH$ 这一数量关系后，我转念一想，这样的结论好像又指明了通向更简洁解法的方向。45° 和 $\sqrt{2}$，这两者具有天然的联系啊！我们直接利用 45° 把 $\sqrt{2}\ FH$ 作出来不就行了？

解题时始于笨办法，但不能止于笨办法，追求简洁美应该内化为对自己的要求。通过笨办法得到的结论往往对更简洁和漂亮的方法具有启示。

延长 HA 至 K，使得 $AK=EH$，则 $KH=AH+AK=AH+EH$。下面证明 $\triangle KFH$ 为等腰直角三角形即可。

我们已经知道 $\angle AHF=\angle FHE=45°$，下面只需要证明 $\triangle KAF\cong\triangle HEF$。

由于 $KA=HE$，$FA=FE$，$\angle KAF=180°-\angle FAH=\angle HEF$，因此 $\triangle KAF\cong\triangle HEF$ 成立。从而，$\triangle KFH$ 为等腰直角三角形，因此 $AH+EH=\sqrt{2}\ FH$。

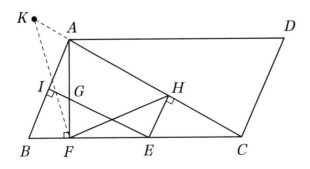

事实上，按照上面的图，我们压根儿就不用事先知道∠AHF=45°，完全可以写出如下的解答过程：

由于 KA=HE, FA=FE, ∠KAF=180°−∠FAH=∠HEF，因此△KAF ≌△HEF，从而 FH=FK，∠KFA=∠HFE。

进而，∠KFH=∠KFA+∠AFH=∠EFH+∠HFA=∠AFE=90°。

因此，△KFH 为等腰直角三角形，于是可得 AH+EH= $\sqrt{2}$ FH。

或者，还可以更简洁一点。

由于∠HEC=∠HAF，我们把△FEH 绕着 F 点逆时针旋转 90° 至△FAK 处。由于△FKA ≌△FHE，因此∠FEH=∠FAK，∠FEH+∠HEC=180°，从而∠KAF+∠HAF=180°，因此△FKH 为等腰直角三角形，故 AH+EH= $\sqrt{2}$ FH。

如果这道题出现在一本平面几何书上，那我想书上的优美解答大概率就是这样寥寥几十个字，但这是我花费了大半个小时才得到的。

最后的辅助线看起来好像也挺合理。**可为什么我一开始想不到呢？** 追求真理的过程永远都不是一帆风顺的，这中间可能会布满荆棘。不要被看上去光鲜和惊艳的答案吓倒，它背后常常藏着不为人知的曲折。只要我们学会复盘，多想一想，再多想一想，就能给出更优的解法。

第七题
QUESTION 7

已知：$\triangle ABC$ 中，$\angle B=\angle C=\alpha$，$AH\perp BC$ 于 H，点 D、F 在 BC 边上，若 $HD=GD$，$DC=DF$，$\angle HDG=2\alpha$，求证：$AG\perp FG$。

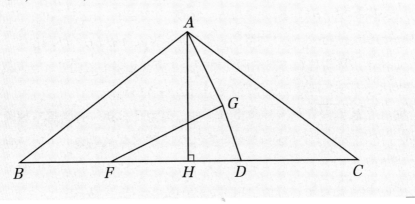

在解题之前，不妨先想一想证明一个角是直角（或两条线垂直）有哪些途径，我能想到的有以下几个：

1. 直接通过角度计算得出其为 $90°$。

2. 等腰三角形的中线垂直于底边。

3. 直角三角形的中线长度等于斜边的一半（将角度转换为边的数量关系）。

4. 利用四点共圆，直径所对的圆周角为直角。

5. 利用全等或相似三角形，证明目标角所在的三角形全等或相似于某个直角三角形。

6. 利用勾股定理的逆定理。

7. 解析几何中斜率乘积为 -1 的两条直线垂直。

下面就来看看这些思路是否可行。

方法一：利用等腰三角形的中线垂直于底边。

首先，$\angle FGA$ 位于 $\triangle FGA$ 中，显然我们首先要连接 AF。为了证明 $AG \perp FG$，我们可以将 FG 看成高，也可以把 AG 看成高。

如果把 FG 看成高，那我们就要延长 AG 到 M 使得 $GM=GA$，然后试图证明 $AF=FM$。这样的辅助线作法似乎不能有效利用 $FD=DC$ 和 $\angle HDG=2\alpha$ 这两个条件。

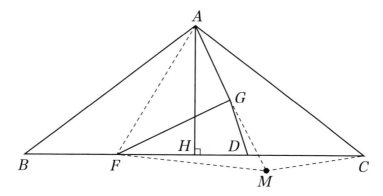

如果把 AG 看成高呢，那我们就延长 FG 至 M，使得 $GM=GF$。此时，我们发现 GD 是 $\triangle FCM$ 的中位线，因此 $MC=2GD$ 且 $GD/\!/MC$。从而 $\angle HDG=\angle DCM=2\alpha$，因此 $\angle ACM=\alpha=\angle ABF$。这样就把题目中的几个条件有机地联系起来了。

由于 $MC=2GD=2HD$，而 $BF=BH-FH=HC-FH=HD+DC-FH=HD+DF-FH=2HD$，因此 $MC=FB$。因此，$\triangle ABF \cong \triangle ACM$，从而 $AF=AM$，即 $\triangle AFM$ 为等腰三角形，从而 $AG \perp FG$。

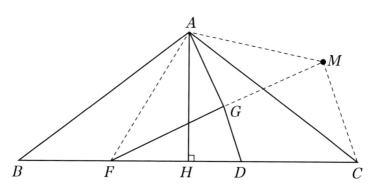

方法二：利用直角三角形的中线长度为斜边的一半。

同样连接 AF。为了证明 $\triangle AFG$ 为直角三角形，我们可以取 AF 的中点 K，连接 KG，从而只需要证明 $KG = \dfrac{1}{2}AF$。

直接证明比较困难，我们注意到 $\triangle AFH$ 已经是直角三角形了，如果连接 KH，那么 $KH = \dfrac{1}{2}AF$。因此，只要证明 $KG=KH$ 即可。

这时再联系题目中的条件 $HD=GD$，如果 $KG=KH$ 确实成立，那么应该有：$\triangle KHD \cong \triangle KGD$。

为此，我们连接 KD。KD 为 $\triangle AFC$ 的中位线，因此 $KD /\!/ AC$，从而 $\angle KDF=\angle C=\alpha$。由于 $\angle HDG=2\alpha$，因此 DK 平分 $\angle HDG$。

由于 $HD=GD$，$\angle HDK=\angle GDK$，$DK=DK$，因此 $\triangle KHD \cong \triangle KGD$，从而 $KG = KH = \dfrac{1}{2}AF$。这就完成了整个证明。

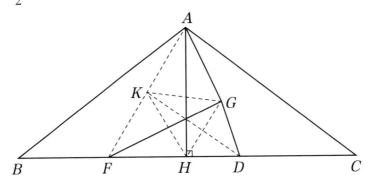

或者，如果我们一开始注意到 $\angle HDG=2\alpha$，也可以先作 $\angle HDG$ 的角平分线，使其交 AF 于 K，然后根据 $\angle HDK=\angle C=\alpha$ 得出 $DK /\!/ AC$，且 $DC=DF$，D 为 FC 中点，从而 DK 为 $\triangle FAC$ 的中位线，推出 K 为 AF 的中点，后续证明与前述相同。

方法三：利用相似三角形。

为了证明 $\angle FGA$ 为直角，我们观察 $\triangle AFG$，看上去它可能跟 $\triangle ABH$ 相似。但要直接证明这两个三角形相似却不那么简单，即便证明两个角相等都不容易。

如果我们连接 GH，那由于 $DG=DH$ 且 $\angle HDG=2\alpha$，因此 $\angle DHG = \angle DGH =$

$\dfrac{1}{2}(180° - \angle HDG) = 90° - \alpha$，从而$\angle AHG = \alpha = \angle ABF$。如果$\triangle AFG \backsim \triangle ABH$ 的话，那么$\angle FAG = \angle BAH$，从而$\angle HAG = \angle BAF$，这表明$\triangle AHG$ 应该相似于$\triangle ABF$。

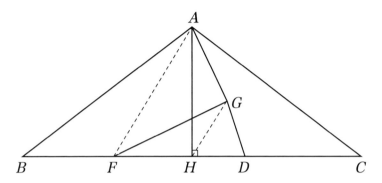

$\triangle AHG$ 和$\triangle ABF$ 是否相似呢，我们已经有$\angle AHG = \angle ABF$ 了，只要证明对应的边比值相等即可。

$$\frac{AH}{AB} = \sin\alpha$$

$BF = BH - FH = HC - FH = HD + DC - FH = HD + DF - FH = 2HD$，因此$\dfrac{GH}{FB} = \dfrac{GH}{2HD}$，由于$\angle HDG = 2\alpha$ 且$DG = DH$，因此$\dfrac{GH}{2HD} = \dfrac{\dfrac{GH}{2}}{HD} = \sin\alpha$。

从而$\dfrac{AH}{AB} = \dfrac{HG}{BF}$，因此$\triangle AHG \backsim \triangle ABF$。从而得出：

（1）$\angle HAG = \angle BAF$，进而得$\angle FAG = \angle BAH$；

（2）$AG : AH = AF : AB$，即$AG : AF = AH : AB$。

由上面2点可得：$\triangle AGF \backsim \triangle AHB$，从而$\angle AGF = \angle AHB = 90°$。

方法四：利用四点共圆或角度转化。

要证明$\angle AGF$ 为直角，只需要证明A、F、H、G 四点共圆。连接AF、GH，如果能证明$\angle GFH = \angle GAH$ 就可以证明A、F、H、G 四点共圆，得出$\angle AGF = \angle AHF = 90°$。事实上，假如证明了这2个角相等，也不需要用四点共圆，直接通过角度计算就可以证明$\angle AGF = 90°$，这是因为$\angle AFG + \angle FAG = \angle AFG + \angle GAH + \angle FAH = \angle AFG + \angle GFH + \angle FAH = \angle AFH + \angle FAH = 90°$，从而

∠AGF= 90°。

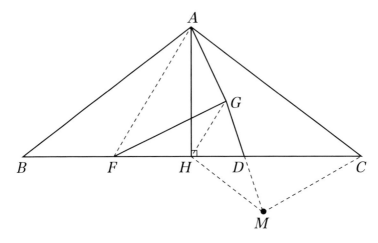

直接证明∠GFH=∠GAH 比较困难，我们可以再思考一下题目的条件。由于 DC=DF，D 为 FC 的中点，一个常用的做法是倍长中线，即延长 GD 至 M，使得 DM=GD。这样的辅助线有两个结果，一方面由 DC=DF，DM=GD，∠FDG=∠CDM 可得出△DGF≌△DMC，从而 CM=GF 且 CM//GF，∠GFH=∠HCM，另一方面由于 HD=GD=DM，∠HDG=2α，因此△GHM 为直角三角形且∠DHM=∠DMH=α=∠AHG。这表明，如果∠GFH=∠GAH 成立，则∠MCH=∠GAH，那么应该有△AGH∽△CMH。

由于 $\dfrac{AH}{CH}=\dfrac{GH}{MH}=\tan \alpha$，因此 $\dfrac{AH}{GH}=\dfrac{CH}{MH}$，同时∠AHG=∠CHM=α，这就证明了△AGH∽△CMH，完成了证明的最后一块拼图。

方法五、六：利用五点共圆。

由于∠ACB=α，而∠HDG=2α，是不是很希望建立这两者之间的联系？除了像第二种方法那样作∠HDG 的角平分线，是不是也可以把∠HDG 看成∠ACB 所在的一个三角形的外角？

为此，我们可以延长 DG 到 M，连接 MF、AF 和 GH。由于∠HDG 为△MDC 的外角，因此∠DMC=∠HDG−∠C=α=∠C，因此△MDC 为等腰三角形。

并且，由于 $DM=DC=DF$，$\angle MDC$ 是 $\triangle MFD$ 的外角，$\angle DMF = \dfrac{1}{2}(180° - 2\alpha) = 90° - \alpha$，从而 $\angle FMC = \angle FMA = 90°$。而 $\angle FHA = 90°$，因此 F、A、M、H 四点共圆。

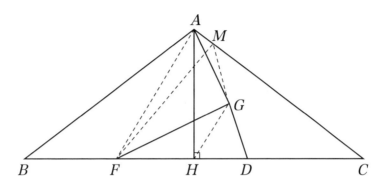

既然 F、A、M、H 四点共圆，为了证明 G 也在这个圆上，我们只需要证明 G 和 F、A、M、H 中的任何三点共圆即可。

由于 $HD=GD$ 且 $\angle HDG=2\alpha$，所以 $\angle DGH=90°-\alpha=\angle HAC$，因此 G、H、A、M 四点共圆。

或者不证明 G、H、A、M 四点共圆，证明 G、H、F、M 四点共圆。由于 $\triangle MDC$ 为等腰三角形，因此 $MD=CD=FD$，从而 $MG=MD-GD=FD-HD=FH$，又因为 $\angle DGH=\angle DMF=90°-\alpha$，所以 $GH /\!/ MF$，因此 $GHFM$ 为等腰梯形，从而 G、H、F、M 四点共圆。

无论用哪种方法，我们都证明了 A、F、H、G、M 五点共圆，从而证明了 $\angle AGF = \angle AHF = 90°$。

方法七：利用直线的斜率乘积为 -1。

这个方法的思路很简单，即建立坐标系，求出 AG 和 FG 的直线方程，然后计算其斜率的乘积。

如图所示，以 H 为坐标原点建立直角坐标系，设 $C(c, 0), D(d, 0)$，则其余关键点的坐标分别为：$F(2d - c, 0)$、$A(0, c\tan\alpha)$、$G(d - d\cos 2\alpha, d\sin 2\alpha)$。

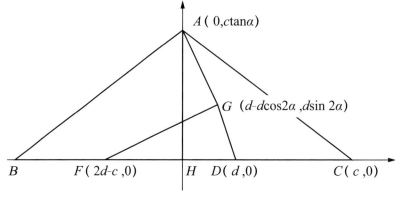

从而，直线 FG 的斜率 $k_{FG} = \dfrac{d\sin 2\alpha}{c - d\cos 2\alpha - d} = \dfrac{d\sin 2\alpha}{c - d(\cos 2\alpha + 1)} = \dfrac{d\sin 2\alpha}{c - 2d\cos^2\alpha}$，

直线 AG 的斜率 $k_{AG} = \dfrac{d\sin 2\alpha - c\tan\alpha}{d(1 - \cos 2\alpha)} = \dfrac{d\sin 2\alpha - c\tan\alpha}{d(1 - \cos^2\alpha + \sin^2\alpha)} = \dfrac{2d\sin\alpha\cos\alpha - c\dfrac{\sin\alpha}{\cos\alpha}}{2d\sin^2\alpha}$

$= \dfrac{2d\cos^2\alpha - c}{2d\sin\alpha\cos\alpha} = \dfrac{2d\cos^2\alpha - c}{d\sin 2\alpha}$，从而满足 $k_{FG} \cdot k_{AG} = -1$，因此 $AG \perp FG$。

方法八：利用余弦定理和勾股定理逆定理。

这一解法是为了证明条条大路通罗马。其实思路也很简单，但运算稍显复杂。

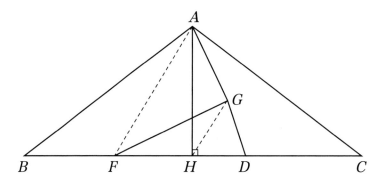

在 $\triangle AGH$ 中应用余弦定理有：

$$AG^2 = AH^2 + HG^2 - 2AH \cdot HG\cos\alpha$$

在 $\triangle FGD$ 中应用余弦定理有：

$$FG^2=DF^2+DG^2-2DF \cdot DG\cos2\alpha$$

在△ABF 中应用余弦定理有：

$$AF^2=AB^2+BF^2-2AB \cdot BF\cos\alpha$$

要证明：$AF^2= AG^2+ FG^2$

即证明：

$$AB^2+BF^2-2AB \cdot BF\cos\alpha$$

$$=AH^2+HG^2-2AH \cdot HG\cos\alpha+DF^2+DG^2-2DF \cdot DG\cos2\alpha$$

思路就是这样，下面就是稍显烦琐但又有一定技巧性的计算推理。

将 $BF=2DH, DG=DH, HG=2DH\sin\alpha$ 代入，即要证明：

$AB^2+4DH^2-4AB \cdot DH\cos\alpha$

$= AH^2+4DH^2\sin^2\alpha-4AH \cdot DH\sin\alpha\cos\alpha+DF^2+DH^2-2DF \cdot DH\cos2\alpha$

$= AH^2+DF^2+DH^2+4DH^2\sin^2\alpha-4AH \cdot DH\sin\alpha\cos\alpha-2DF \cdot DH\cos2\alpha$

由于 $DH=CH-CD=BH-DF$，代入即：

$AB^2+4DH^2-4AB \cdot DH\cos\alpha$

$= AH^2+DF^2+(BH-DF)^2+4DH^2\sin^2\alpha-4AH \cdot DH\sin\alpha\cos\alpha-2DF \cdot DH\cos2\alpha$

$=AH^2+BH^2+2DF^2-2BH \cdot DF+4DH^2\sin^2\alpha-4AH \cdot DH\sin\alpha\cos\alpha-2DF \cdot DH\cos2\alpha$

$= AB^2+2DF(DF-BH)+4DH^2\sin^2\alpha-4AH \cdot DH\sin\alpha\cos\alpha-2DF \cdot DH\cos2\alpha$

$= AB^2-2DF \cdot DH+4DH^2\sin^2\alpha-4AH \cdot DH\sin\alpha\cos\alpha-2DF \cdot DH\cos2\alpha$

$= AB^2-2DF \cdot DH(1+\cos2\alpha)+4DH^2\sin^2\alpha-4AH \cdot DH\sin\alpha\cos\alpha$

$= AB^2-2DF \cdot DH(1+2\cos^2\alpha-1)+4DH^2\sin^2\alpha-4AH \cdot DH\sin\alpha\cos\alpha$

$= AB^2-4DF \cdot DH\cos^2\alpha+4DH^2\sin^2\alpha-4AH \cdot DH\sin\alpha\cos\alpha$

即要证明：

$4DH^2\cos^2\alpha-4AB \cdot DH\cos\alpha=-4DF \cdot DH\cos^2\alpha-4AH \cdot DH\sin\alpha\cos\alpha$

两边约去 $4DH\cos\alpha$ 即：

$$DH\cos\alpha+DF\cos\alpha+AH\sin\alpha=AB$$

由于 $DH+DF=DH+DC=CH=BH$，因此即证明：

$$BH\cos\alpha+AH\sin\alpha=AB$$

由于 $\triangle ABH$ 为直角三角形，上式显然成立，倒推过去可得：$AF^2=AG^2+FG^2$

由勾股定理逆定理知 $\triangle AFG$ 为直角三角形，从而 $AG\perp FG$。

平时我们解题的时候，要尽量从不同的角度思考一个问题。更重要的是，要有的放矢地去思考。可以看到，这道题的 8 种解法几乎把平面几何的主要知识点过了一遍。这样就能把一道题的效用发挥到最大。

第八题
QUESTION 8

如图所示，直角三角形 ABC 中，$AC=6$，$\angle BAC=30°$，M、N 是 AB 上的两个动点，且 $MN=2$，连接 CM、CN，求 $\triangle CMN$ 周长的最小值。

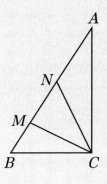

由于 $MN=2$ 为定值，因此题目就是求 $CM+CN$ 的最小值。虽然 M、N 均为动点，但由于 MN 的长度固定，实际上相当于只有一个点在动，另一个点可以看成是跟随着在动。这样想一想，至少让自己心安不少，毕竟一个点动要比两个点动简单一点吧。

由于 $\angle BAC=30°$，$AC=6$，如果过 C 点作 $CH\perp AB$ 于 H，则 $CH=3$ 为定值，我们不妨用 d 来表示 CH 的长度。

显然，$CM+CN$ 要最小，M 和 N 应该分别位于 H 的两侧才行。

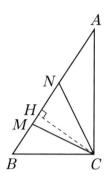

第一个想法是，我们直接写出 $CN+CM$ 的表达式，然后利用代数方法求最值。不妨设 $MH=x$，$NH=y$, 则有 $x+y=2$。

根据勾股定理，我们可以写出 $CM+CN$ 的表达式，本质上它是只有一个变量 x 的表达式。

$$s = CM + CN = \sqrt{x^2 + d^2} + \sqrt{y^2 + d^2}$$

两边平方并整理得：

$$
\begin{aligned}
s^2 &= x^2 + d^2 + y^2 + d^2 + 2\sqrt{x^2 + d^2}\sqrt{y^2 + d^2} \\
&= (x + y)^2 - 2xy + 2d^2 + 2\sqrt{x^2 y^2 + (x^2 + y^2)d^2 + d^4} \\
&= 4 - 2xy + 2d^2 + 2\sqrt{x^2 y^2 + [(x + y)^2 - 2xy]d^2 + d^4} \\
&= 4 - 2xy + 2d^2 + 2\sqrt{(xy - d^2)^2 + 4d^2} \\
&= 4 + 2(d^2 - xy) + 2\sqrt{(d^2 - xy)^2 + 4d^2}
\end{aligned}
$$

由于 $d^2 - xy > 0$，要让 s^2 最小，xy 应该取得最大值。由于 $x+y=2$ 为定值，因此当 $x=y=1$ 时 xy 取得最大值。此时 $CM=CN=\sqrt{10}$，$\triangle CMN$ 的周长为 $2+2\sqrt{10}$。

但上面的方法属于数形结合后的代数解法，有没有纯平面几何的解法呢？对于一个平面几何问题，这是一个值得思考的问题。相比于代数解法，平面几何解法有时候虽然很难想到，但能展现其独特的美。

当前 C 是定点，CM 和 CN 都在变化，不太好确定 $CM+CN$ 的长度，我们希望能把 CM 和 CN 转换成一条有机会成为直线的折线，将原问题变成类似于将军饮马的问题。

简单介绍一下将军饮马问题：直线 l 外有两个定点 A 和 B，现要在直线上找一点 P，使得 $PA+PB$ 最小。

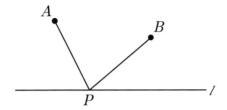

受将军饮马问题的启发，我的第一种尝试如下图所示。过 MN 的中点作 C 的中心对称点 C'，连接 MC'，则 $CM+CN=CM+MC'$。但此时 C' 仍为动点，并且 C、M、C' 永远不可能三点共线，因此此路不通。

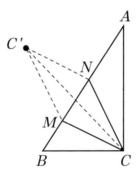

回过头再比较一下原问题和将军饮马问题，两者有些相似，却又不同。将军饮马问题求的是一个动点到两个定点的距离之和，而这个问题则是求一个定点到两个相互关联的动点的距离之和。

我们能不能转化一下，把这个问题也转化成一个动点到两个定点的距离之和呢？

我们把 M 看成动点，C 看成定点。那么 CM 就是定点 C 到动点 M 的距离，问题是能否把 CN 也转化为另一个定点到动点 M 的距离呢？

此时注意到 M、N 虽然都在动，但 MN 的长度是固定的。如果把 CN 平移到 PM 的位置（如下图），那么 P 点也是定点，因此 $CM+CN=CM+PM$，且 $PC=MN=2$。这就完成了问题的转化，即把原问题转化为了一个标准的将军饮马问题：在线段 AB 上找一点 M，使得它到 AB 外两定点 C 和 P 的距离之和最小。

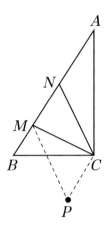

根据将军饮马问题的做法，作 C 点关于 AB 的对称点 C'，连接 $C'P$，则 $C'P$ 与 AB 的交点 M 即为使得 $MC+MP$ 取值最小的点，且最小值即为 $C'P$ 的长度。由于 $C'C \perp AB$，且 $AB /\!/ CP$，因此 $C'C \perp CP$，从而 $\triangle C'CP$ 为直角三角形。由于 $AC=6$，$\angle BAC=30°$，因此 $CC'=2 \times AC \times \sin30°=6$，而 $CP=MN=2$，根据勾股定理可得 $C'P= 2\sqrt{10}$。因此，$\triangle CMN$ 的周长最小值为 $2+ 2\sqrt{10}$。

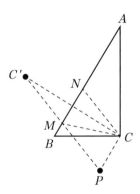

化归与转化，是我们赖以解决未知问题的常用手段。我们常常会碰到与已经解决过的问题有一些相似但又不完全相同的问题，此时需要认真比较分析问题之间的异同，尝试建立两者之间的联系，从而将未知问题转化为会求解的已知问题。

第九题
QUESTION 9

如下图所示，△ABC 的面积为 9，BC=3，∠A=30°，D、E、F 分别是 AB、BC、AC 上的 3 个动点，求△DEF 周长的最小值。

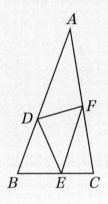

题目中有一个动点就已经不容易解答了，面对 3 个动点的害怕程度可不止面对一个动点时的 3 倍。

不过害怕归害怕，还是要先把图作出来。第一个疑问是，这个图中只说了 ∠A=30°，那 A 点是固定的，还是可以动的？如果 A 点也是动的，那么这个问题就更复杂了。

△ABC 的面积为 9，那高就是 6。一个特殊的情况，如果 AC⊥BC，那此时 BC=3，AC=6，显然∠A ＜ 30°。这表明，A 必须在特定的位置才能满足要求。怎么才能把图精确地作出来呢？

联想到圆周上的定弧（或弦）所对的圆周角是定值，我们可以给出下面的作图方法。

设△ABC的外心为O，作△ABC的外接圆O。由于∠A=30°，那么BC对应的圆心角为60°，因此外接圆的半径长度和BC相等，作BC的平行线KL，并使得KL与BC的距离为6。设KL交圆于两点A和A′，这两个点就是满足题目条件的A点，我们取其中之一即可（因为两者是对称的）。

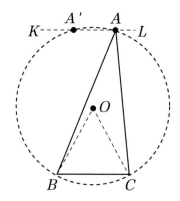

既然△ABC是固定的，那就减少了一部分的恐惧。但△DEF的三个顶点都在动，要确定其周长是非常困难的。

虽然暂时还不知道这个问题怎么解，但联想到将军饮马问题，这类动点最值问题的一种典型思路是把三条边尽量转换到一条折线上，然后把折线拉直就是周长值最短的情况。

对称是完成这类问题转化的一个法宝。那到底怎么作对称呢？是保留DE不动，将DF和EF翻转，还是保留DF不动，将DE和EF翻转？

这时，题目里的30°就引起了我的注意。如果选择后者，则可以得到一个等边三角形，这显然是比较好的做法。如下页左图所示，将E分别沿着AB和AC对称到G点和H点，连接AG、AH、DG、FH，则DG=DE且FE=FH，因此DE+EF+FD=GD+DF+FH。

显然，当D、F、G、H位于同一条直线上时GD+DF+FH为最小值，如下页右图所示。也就是说，如果E点为定点，那么G、H也是定点，要使得△DEF的周长最小，D、F应该分别取GH与AB和AC的交点。

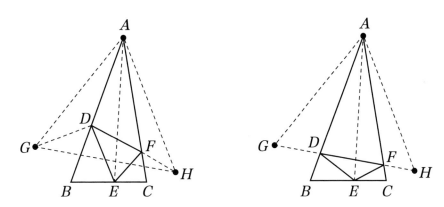

但 E 点本身为动点，从而 G、H 也为动点，GH 的长度并不固定。这时，刚才的等边三角形就有用了。由于 $\triangle AGH$ 为等边三角形，$GH=AG=AE$。因此，当 $AE \perp BC$ 时，AE 取得最小值，其长度等于 $\triangle ABC$ 的高，为 6，此时 $\triangle DEF$ 取得最小周长 6。

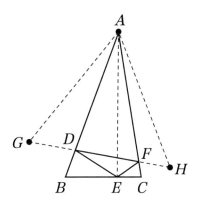

如果到这儿觉得大功告成可以庆祝一下了，那恭喜你最终还是和我一样被坑了！

问题在哪里呢？半径是 3，直径是 6，A 到 BC 的距离可能是 6 吗？显然不可能！所以，根据这个作法，A 点是不存在的，也就是说底边是 3，高是 6，顶点在圆上且顶角是 30° 的三角形是不存在的！

并不是每道题都是出对的，我们要在科学的基础上大胆质疑。

这说明这个题目本身出错了！而我们画图的时候竟然没有意识到！当然，如果直接学了对称的套路采用之前提到的这种做法，那连发现题目出错的机会都没有！可见自己作图有多么重要。

在圆里，圆周上的定弧（或定弦）对应的圆周角都相等。根据这一题的思路，大家可以尝试解答下面的这道题。

如图所示，已知 AB 是圆 O 的直径，$AB = 6$，CD 是圆 O 的弦，$CD = 3$，射线 AD、BC 交于点 E，将 CD 绕点 O 顺时针旋转，从 D 与 A 重合开始到 C 与 B 第一次重合停止，求点 E 运动的路径长度。

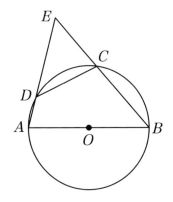

第十题
QUESTION 10

———

如下图所示，等边△ABC 的边长为 4，E 为 BC 上的一动点，D 为 AB 的中点，以 DE 为边作等边△DEF，连接 AF，请问 AF 的最小值是多少？

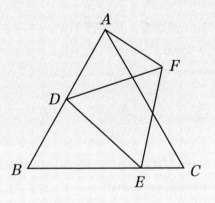

通过之前几道题目的分析，是不是已经不那么害怕动点问题了？碰到动点问题暂时没有思路的时候，不妨先让点动起来，将动点移到特殊位置试一试。

特殊情况一：E 与 B 重合，如下图所示。此时 F 为 BC 的中点，$AF = 2\sqrt{3}$。

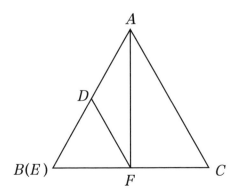

特殊情况二：*E* 位于 *BC* 的中点，如下图所示。此时 *F* 在 *AC* 的中点，*AF*=2。

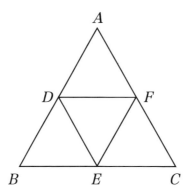

特殊情况三：*E* 点与 *C* 点重合，如下图所示。此时 *FC*⊥*BC*，由于 *CF*=*CD*，均等于 △*ABC* 的高，所以 *AF*//*BC*，*AF*=2。

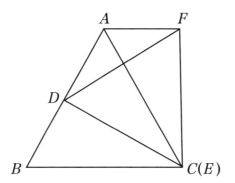

这时，我发现当 *E* 点位于 *BC* 的中点和位于 *C* 点时，*AF* 都等于 2，那是不是 *E* 点在这两个位置之间时，*AF* 是定值呢？

这个想法有可能是对的，也可能是错的。如果错了，那我们试图去证明这个结论时就会在错误的道路上越走越远。所以，及时判断这个结论正确与否就很关键。此时，我不得不再次拿出最原始但又很有效的方法：精确作图。

我们不妨取 *E* 使得 *CE*=1，精确作图后量出 *AF* 的长度，发现 *AF* < 2。这样，我们就否定了刚才的想法，并且知道 *AF* 的最小值应该小于 2。

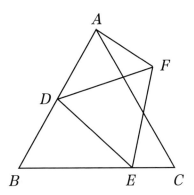

E 是动点，F 是跟着 E 而动的。虽然 A 点固定，但在不知道 F 轨迹的前提下求 AF 的最小值并不容易。

相比于判断 F 点的轨迹，判断 E 点的轨迹就简单多了，E 点就是在线段 BC 上运动。如果我们能把 AF 的长度和动点 E 联系起来，比如转换成 E 到某个定点的距离，那就好办多了，因为 E 的轨迹是确定的。

能不能转换呢？注意到 $\triangle DEF$ 是等边三角形，而且 D 为等边三角形 ABC 一边 AB 的中点，如果我们把 $\triangle ADF$ 绕着 D 点顺时针旋转 $60°$，那就恰好转到了 $\triangle GDE$ 的位置，其中 G 是 AC 的中点，此时 $AF=GE$。至此，问题就迎刃而解了。显然当 $GE \perp BC$ 时，GE（即 AF）取得最小值，长度为 $\sqrt{3}$。

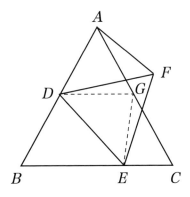

事实上，如果不把 AF 的长度转化为与 E 点相关的量，我们也可以尝试找出 F 点的轨迹。如果我们把一开始作的几个特殊位置的 F 点连起来，就会发现它们大

致在一条直线上。

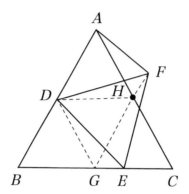

为了证明 F 在以 AC 的中点 H 和 BC 的中点 G 所连的直线 GH 上，我们可以连接 HF 和 DG。$\triangle DGE$ 绕 D 点逆时针旋转 $60°$ 与 $\triangle DHF$ 重合，因此 HF 和 GE 的夹角为 $60°$，因此 $HF//AB$，这就证明了 F 点在直线 GH 上。从而，AF 的最小值为 A 到直线 GH 的距离，即 $\sqrt{3}$。

回过头再思考一下 F 点的轨迹与 E 点轨迹的关系，发现两者具有相同的形状。这是因为 $\angle EDF$ 为定角，且 $DE=DF$，我们可以把 F 看成是跟随着主动点 E 而动的一个从动点，这两者的轨迹形状是一样的。这个结论是平面几何中被称作"瓜豆原理"的一个直接应用。所谓"瓜豆原理"，就是主动点和从动点的轨迹具有相似性，大家可自行搜索。我在解此题时并不知道"瓜豆原理"，但推导过程中所用的旋转和全等恰恰是理解"瓜豆原理"的关键。

第十一题
QUESTION 11

　　如图所示，点 O 在线段 AB 上，$OA=2$，$OB=6$，以 O 为圆心，OA 为半径作圆 O，点 M 在圆 O 上运动，连结 MB，以 MB 为一边作等边 $\triangle MBC$，连结 AC，则 AC 长度的最大值为多少？

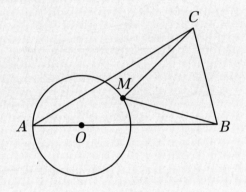

如果我们直接看答案，那大概是这样的：

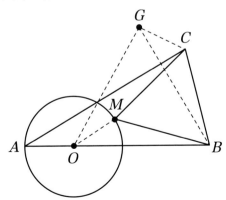

　　如图所示，连接 OM，将 $\triangle OBM$ 绕 B 点顺时针旋转 $60°$ 至 $\triangle GBC$，连接 GC、

GB、GO。

因为 $CG=MO=2$，因此动点 C 到定点 G 的距离为定值 2，即 C 在以点 G 为圆心，2 为半径的圆上。显然，当 C 点位于 AG 延长线与圆 G 的交点 Q 时，AC 的长度达到最大值，为 $2\sqrt{13}+2$。

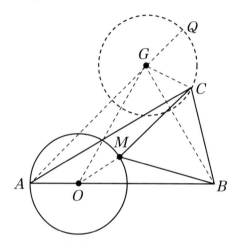

没错，答案就只需要 100 多字，甚至只用一张图就足以表达解法。但这辅助线是怎么想到的呢？

有些人可能会说，基于经验的直觉，看到 60° 或定角就想到要旋转。也有人说，这跟前面一道题有相似的地方，由于 $\angle MBC=60°$ 为定角且 $BC=BM$，因此可以把 C 点看成是跟随主动点 M 而动的从动点，从而 C 点的轨迹形状与 M 点的轨迹形状应该相同，均为圆形。

但我之前说过，我早就忘掉了所有的定理、公式和模型，那我又是怎么想到上面的辅助线呢？我的回答是精确作图。

我在前文已经不止一次提过自己重新作图的好处，这里再强调一遍。首先，作图是一个梳理条件的过程，能有效避免漏看或错看条件；其次，作图有助于思考图中各个几何元素之间的关系，作图并不简单，是一门学问，一个图先作什么，后作什么，很有讲究；最后，我们甚至可以通过精确作图直接"量"出一些量，以寻找解题的线索。

为了探究 C 点的轨迹，我足足作了 8 个正三角形，然后大致观察出 C 点的轨迹应该在一个圆上，进而反推出上面的辅助线做法。可以看到，8 个点基本在一个圆上。其中，有两个特殊的位置，即 M 点分别与 AB 和圆的两个交点重合时作出的 C_1 和 C_2 位置，这两点所连成的线段 C_1C_2 看上去应该是这个圆的直径，并且 B、C_1 和 C_2 三点在一条直线上。有了这些，再反向推出辅助线的做法就是水到渠成了。

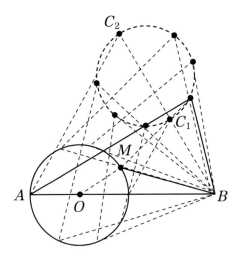

这个办法是不是很麻烦？相比于直接用"瓜豆原理"，我的方法可谓既费时又费力。然而，未知问题的解决方法并非海滩上随处可见的贝壳，而往往是深埋于地下的宝藏，需要我们掘地三尺才能发现。这个上下求索的过程恰恰是最珍贵的，当迷雾被慢慢拨开，真相最终呈现于眼前时，那一瞬的快乐绝对是直接应用原理或模型所难以体会的。

第十二题
QUESTION 12

——

如图所示，在平面直角坐标系中，$P(0,4)$、$Q(8,0)$，以 P 为圆心、$2\sqrt{5}$ 为半径作圆 P 交 x 轴于 A、B，C 为圆 P 上的一个动点，连接 CQ，取 CQ 的中点 D，连接 AD、BD，求 AD^2+BD^2 的最大值。

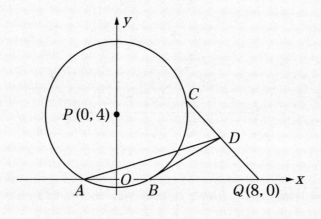

首先，由于圆的半径为 $2\sqrt{5}$，所以 A 点和 B 点的坐标分别为 $A(-2,0)$、$B(2,0)$，设 C 点坐标为 (x,y)，则 D 点坐标为 $\left(\dfrac{x+8}{2},\dfrac{y}{2}\right)$。

第一个想法是：直接写出目标函数值，然后用代数法求最值。

$$AD^2 + BD^2 = \left(\frac{x+8}{2}+2\right)^2 + \left(\frac{y}{2}\right)^2 + \left(\frac{x+8}{2}-2\right)^2 + \left(\frac{y}{2}\right)^2$$

$$= \frac{1}{2}(x^2+y^2)+8x+40$$

由于 C 点在圆上，所以满足方程：$x^2+(y-4)^2=20$，即 $x^2+y^2=8y+4$。

从而 $AD^2+BD^2=8x+4y+42=4(2x+y)+42$

虽说点（x, y）在圆上，但 $2x+y$ 的最大值并不太好求。

当然，利用解析几何加上数形结合的方法，可以求出 $2x+y$ 的最大值。这个方法应属于高中数学的范畴，但用初中数学知识也能理解。我们可以设 $2x+y=m$，则 $y=-2x+m$，将其代入圆 P 的方程就可以得到一个关于 x 的一元二次方程。从图形的角度来看，直线 $y=-2x+m$ 与圆 P 可能没有交点（相离）、有一个交点（相切）、有两个交点（相交）。显然，如图所示，当直线与圆 P 相切时，m 取得最大值。直线与圆相切，表明代入后的一元二次方程只有一个解，从而可以通过判别式 $\Delta=0$ 求得 m 的值。

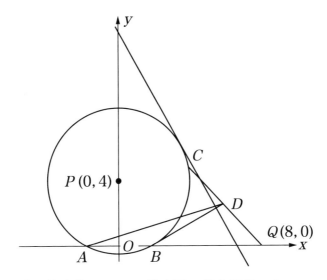

根据这一思路，将直线 $y=-2x+m$ 代入圆 P 的方程得：$x^2+(-2x+m-4)^2=20$；

整理为关于 x 的一元二次方程，即：$5x^2+(16-4m)x+m^2-8m-4=0$；

相切时方程只有一个解，要求 $\triangle =(16-4m)^2-4\times5\times(m^2-8m-4)=0$；

整理后得：$m^2-8m-84=0$；

解得 $m=14$ 或 $m=-6($ 舍去 $)$；

因此，AD^2+BD^2 的最大值为 $4\times14+42=98$。

虽说通过数形结合把几何问题转化为代数问题求解是一种不错的思路，但求解平面几何问题时我总会希望找出一种只通过平面几何知识解题的方法，因为这类方法看上去往往更简洁。

第二个想法是：既然 C 在圆上动，D 点跟着动，那能不能搞清楚 D 的轨迹呢？

将 C 点的坐标方程两边除以 4 得：

$$\left(\frac{x}{2}\right)^2 + \left(\frac{y-4}{2}\right)^2 = 5 ,$$

即 $\left(\frac{x+8}{2} - 4\right)^2 + \left(\frac{y}{2} - 2\right)^2 = 5$

这表明 D 点在以点 $M(4，2)$ 为圆心，半径为 $\sqrt{5}$ 的圆上。

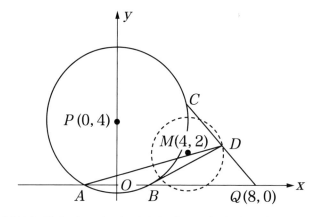

除了用解析几何的方法，也可以用纯平面几何的方法得出 D 点轨迹。题目告诉我们 D 是 CQ 的中点，C 点虽然在动，但 CP 的长度却是定值。如下图，连接 PQ，取 PQ 的中点 M，则 M 点也为定点，连接 DM、CP，则 $DM = \frac{1}{2}PC = \sqrt{5}$，因此 D 点在以 M 为圆心、$\sqrt{5}$ 为半径的圆上。

（注：敏锐的读者可能已经能看出来，D 点的轨迹也可以应用前面所提到的"瓜豆原理"来求得。可以把 $\angle CQD$ 看成是 $0°$，而 $CQ：DQ=2：1$ 为定值。我们把 C 点看成是主动点，其轨迹为以 P 为圆心、$2\sqrt{5}$ 为半径的圆，那么从动点 D 的轨迹应与 C 的轨迹相似，即以 M 为圆心、$\sqrt{5}$ 为半径的圆。）

至此，感觉已经大功告成了，因为 D 点的轨迹都有了，而 A、B 均为定点，求 $AD^2 + BD^2$ 还不是信手拈来的事？

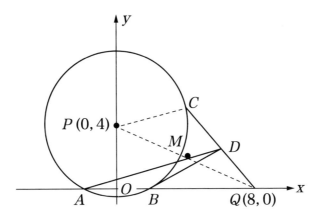

可事情没这么简单。如果设 D 点坐标为 (m, n)，那么：

$AD^2=(m+2)^2+n^2$，

$BD^2=(m-2)^2+n^2$。

从而 $AD^2+BD^2=8+2(m^2+n^2)$。

(m, n) 在以 M 为圆心的圆上，因此 $(m-4)^2+(n-2)^2=5$，即 $m^2+n^2=8m+4n-15$

因此 $AD^2+BD^2=8+2(m^2+n^2)=8(2m+n)-22$

与第一种想法类似，$2m+n$ 的最大值不太好求，即便已经知道（m, n）位于圆周上也不容易。

我们当然也可以把坐标系移动到以 M 为原点的位置，并引入三角函数来标识 D 点坐标（$\sqrt{5}\cos\theta, \sqrt{5}\sin\theta$），但结果依然一样，需要求 $2\cos\theta+\sin\theta$ 的最大值。

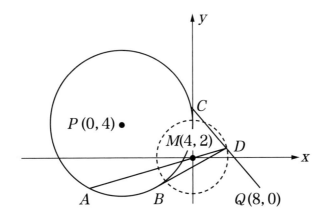

我们不妨跳出来思考一下：什么时候 AD 达到最大，又在什么时候 BD 达到最大？显然，当 AD 经过圆心 M 时取得最大长度，即下图中的 AD_1，同样，当 BD 经过圆心 M 时取得最大长度，即下图中的 BD_2。

很遗憾，AD 和 BD 无法同时达到最大。但此时应该会有个粗略的判断，即 D 点大致应该是在 D_1 和 D_2 之间时，AD^2+BD^2 取得最大。

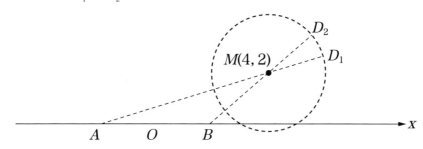

可到底在哪呢？

由于 AD 和 BD 两条边都变化，不太好处理。如果只需要处理一个变化，那就容易得多。如果我们注意到 A、B 关于 O 点对称，那么就可以考虑将 AD 和 BD 都转化为与 OD 相关的量。

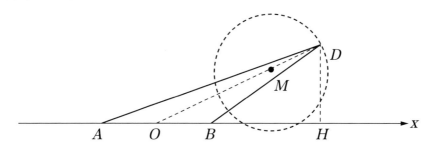

如图所示，连接 OD，同时作 DH 垂直于 x 轴，垂足为 H，则：

$AD^2=AH^2+DH^2$

$\qquad =(OH+OA)^2+DH^2$

$\qquad =OH^2+OA^2+2OA \cdot OH+DH^2$

$\qquad =OA^2+OH^2+DH^2+2OA \cdot OH$

$\qquad =4+OD^2+2OA \cdot OH$

$BD^2=BH^2+DH^2$

$\quad =(OH-OB)^2+DH^2$

$\quad =OH^2+OB^2-2OB \cdot OH +DH^2$

$\quad =OB^2+OH^2+DH^2-2OB \cdot OH$

$\quad =4+OD^2-2OB \cdot OH$

由于 $OA=OB=2$，所以 $AD^2+BD^2=8+2OD^2$。当 OD 经过圆心 M 时，OD 长度为最大。

由于 M 点坐标为 $(4, 2)$，所以 $OM=2\sqrt{5}$，而 $MD=\sqrt{5}$，$OD=3\sqrt{5}$，此时，AD^2+BD^2 达到最大值 $8+2×45=98$。

事实上，上面的推导过程证明了一个公式，即中线长公式。什么是中线长公式呢？就是已知三角形三条边的长度，求出每条边对应中线的长度。既然三角形的三边长度确定，那这个三角形也就确定了，中线也是确定的。

中线长公式： $\triangle ABC$ 的三边分别为 a, b, c，边 BC、CA、AB 上的中线分别记为 m_a，m_b，m_c，则有：

$$m_a = \frac{1}{2}\sqrt{2(b^2 + c^2) - a^2}$$

$$m_b = \frac{1}{2}\sqrt{2(a^2 + c^2) - b^2}$$

$$m_c = \frac{1}{2}\sqrt{2(a^2 + b^2) - c^2}$$

当然，如果你对这个公式烂熟于心，那可以很快联想到这一点。就不用实实在在地又把它给推导一遍了。

下面是一道与这一题有一点相似的问题，有兴趣的读者可以尝试一下。

如图所示，抛物线 $y=x^2-2x-3$ 与 x 轴交于 A、B 两点，抛物线的顶点为 D，点 C 为 AB 的中点，以 C 为圆心，AC 长为半径在 x 轴的上方作一个半圆，点 E 为半圆上一动点，连接 DE，取 DE 的中点 F，当点 E 沿着半圆从点 A 运动至点 B 的过程中，求线段 AF 的最小值。

第十三题
QUESTION 13

——

如图所示，在直角坐标系中，已知点 $A(0,2)$、$B(2,0)$。

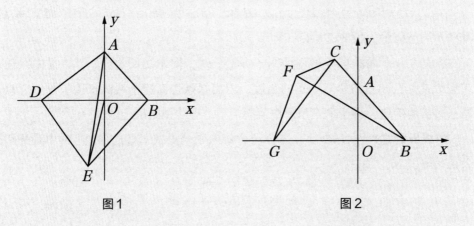

图1   图2

（1）直接写出 AB 的长；

（2）如图 1 所示，D 在 x 轴负半轴运动，$\triangle ADE$ 为等腰直角三角形，$AD=DE$，连接 OE、BE，写出线段 OB、BD、BE 的数量关系，并证明你的结论；

（3）如图 2 所示，在四边形 $GBCF$ 中，C 在 BA 的延长线上，G 在 x 轴负半轴上，$BF=2\sqrt{3}$，求 $\triangle CFG$ 周长的最小值。

第一问答案为 $2\sqrt{2}$，我们直接开始第二问。由于 D 是动点，我们还是用老方法：先考虑一些特殊的位置。

特殊情况一（如下图）：D 点与 O 重合，此时 $\triangle ADE$ 与 $\triangle AOB$ 重合，$OB=2$，$BD=2$，$BE=0$，OB、BD 和 BE 之间似乎满足简单的加减关系。

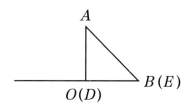

特殊情况二（如下图）： D 点位于 $(-2,0)$，此时 E 点在 y 轴负半轴上，$OB=2$，$BD=4$，$BE=2\sqrt{2}$。这表明 OB、BD、BE 不是简单的加减关系。

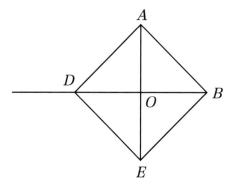

特殊情况三（如下图）： D 点位于 $(-4,0)$，此时 $OB=2$，$BD=6$。为了计算 BE 的长，我们作 $EH\perp BD$ 于 H，易知 $\triangle EHD \cong \triangle DOA$，从而 E 点坐标为 $(-2,-4)$，$\triangle EHB$ 为等腰直角三角形，因此 $BE=4\sqrt{2}$。

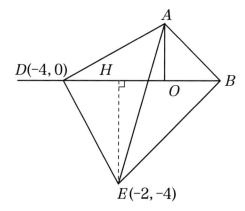

根据上图，实际上就可以得到一般化的方法：

作 $EH\perp BD$ 于 H，则 $\triangle DOA \cong \triangle EHD$，因此 $BH=BD-DH=BD-OA=BD-$

$OB=DO=EH$，因此 $\triangle EHB$ 为等腰直角三角形，从而 $BE=\sqrt{2}BH=\sqrt{2}(BD-OB)$。

再看第三问：要求 $\triangle CFG$ 周长的最小值。

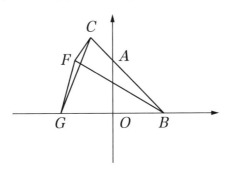

题目告诉我们 $BF=2\sqrt{3}$。可 $2\sqrt{3}$ 是多长，相当于图中的哪条线段的长度？由题目可知 $OA=OB=2$，将 2 与 $2\sqrt{3}$ 联系起来，是不是联想到了锐角为 30° 的直角三角形？我们可以以 OA 为一条直角边作直角三角形 OAD，使 $\angle OAD=60°$，则 $OD=2\sqrt{3}$，所以 $BF=OD$。这表明，我们只要截取 $OE=BD$，则 $BE=OD$，从而 F 点就在以 B 为圆心、$2\sqrt{3}$（即 BE 的长度）为半径的圆上，如下图所示。显然，题目中所给的图在数量关系上画得不太精确。

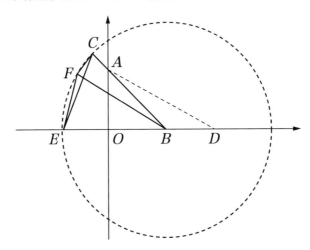

但此时，F 为动点，C 是动点，G 也是动点，3 个动点不太好办。我们能不能先固定一两个点，让另外的点动？**这是处理多个动点的常用手段，即先固定一部分点，让另一部分点先动。**

在这 3 个点中，F 点比较特别，是在圆周上动，而从几何的角度来说，C 点和 G 点性质差不多，分别位于 $\angle ABO$ 的两条射线 BA 和 BO 上，可以看成地位对等。**无论何时，观察图形结构并充分利用问题里的对称性总是能帮助我们解题。**

我们不妨让 F 点固定，看一下点 C、G 分别在什么位置时周长最短。这实际上就对应了下面的问题：$\angle ABO$ 和 F 点固定，要在射线 BA 和 BO 上找两点 C 和 G，使得 $\triangle FCG$ 的周长最短。

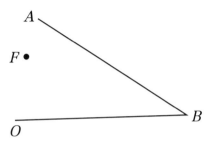

上面这个问题可以用标准的对称方法予以解决。如下图所示，分别作 F 关于 BO 和 BA 的对称点 F' 和 F''，连接 $F'F''$ 分别交 BA、BO 于 C 和 G，则 $\triangle FCG$ 即为所求，其周长等于线段 $F'F''$ 的长度。由于 $\angle ABO$ 为定角，F 为定点，因此 F' 和 F'' 都为定点，其长度为定值。

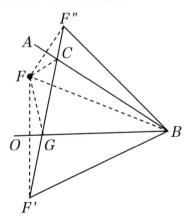

上面的这一步告诉我们：要善于将复杂的问题简单化，从中发现常见的、我们已经会求解的问题模式。

回到原来的问题，由于 $\angle ABO = 45°$，F' 和 F 以 BO 为轴对称，F'' 和 F 以 BA

为轴对称，$\angle F'BF''=2\angle ABO=90°$，因此$\angle F'BF''=90°$，从而$F'F''=2\sqrt{3}\times\sqrt{2}=2\sqrt{6}$，对应的三角形即为图中的$\triangle FMN$。

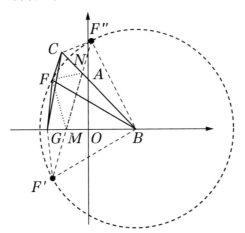

但由于F本身为动点，它在圆周上运动。是不是F在其他位置时，$\triangle CFG$周长的最小值也是$2\sqrt{6}$呢？

显然，F得在$\angle ABO$内部才行。最极端的情况，F可以与C或G重合。下图给出了F与C重合的情形，此时$\triangle CFG$退化为两条线段，当$CG\perp BO$时周长取得最短，最短为$2CG=2\times\dfrac{2\sqrt{3}}{\sqrt{2}}=2\sqrt{6}$。而当$F$在$\angle ABO$张角内部时，上面的图已经表明$\triangle CFG$的周长最小值即为$2\sqrt{6}$。

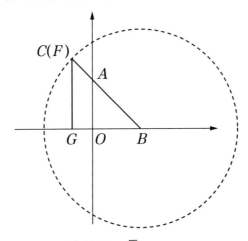

所以，$\triangle CFG$周长的最小值就是$2\sqrt{6}$。

第十四题
QUESTION 14

直角三角形 ABC 中，$\angle C=90°$，$CD \perp AB$ 于 D，$\triangle ADC$ 和 $\triangle CDB$ 的内心分别为 I_1 和 I_2，直线 I_1I_2 与 CD 交于 K，求证：$\dfrac{1}{AC}+\dfrac{1}{BC}=\dfrac{1}{CK}$。

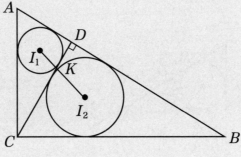

这种题要证明的数量关系不是简单的和差或倍数关系，而是倒数之和。

将所要证明的关系稍作变形：

$$\frac{AC+BC}{AC \cdot BC}=\frac{1}{CK}$$

也就是证明 $AC \cdot BC=AC \cdot CK+BC \cdot CK$，其中 $AC \cdot BC$ 是直角三角形 ABC 面积的 2 倍，但 $AC \cdot CK$ 和 $BC \cdot CK$ 好像对应不上什么东西。

我们不妨让 $\triangle ABC$ 为等腰直角三角形。在这个图里，CK 与两个圆相切，如果我们设 $AC=BC=1$，那么 $CK=CQ=\dfrac{BC}{2}=\dfrac{1}{2}$，因此确实满足 $\dfrac{1}{AC}+\dfrac{1}{BC}=\dfrac{1}{CK}$。

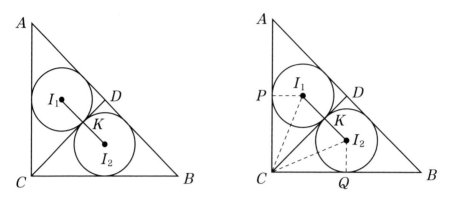

上面的分析似乎要让我们把所有的切点和圆心都连起来，但 $AC \cdot CK$ 依然没什么特别的。

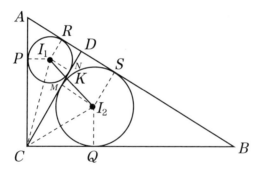

此时我们不妨先停下来，跳出这个思路再思考一下。对于 $\dfrac{1}{AC} + \dfrac{1}{BC} = \dfrac{1}{CK}$ 这样的等式，除了上面的那种变形，我们也可以尝试证明：$\dfrac{1}{AC} = \dfrac{1}{CK} - \dfrac{1}{BC}$。按照一般的做法，我们把圆心和切点分别都连起来，如上图所示，那么：

$$\frac{1}{CK} - \frac{1}{BC} = \frac{BC - CK}{CK \cdot BC} = \frac{BQ + CQ - (CM + MK)}{CK \cdot BC} = \frac{BQ - MK}{CK \cdot BC}$$

这表示我们要证明 $\dfrac{1}{AC} = \dfrac{BQ - MK}{CK \cdot BC}$，变形得 $AC \cdot BQ - AC \cdot MK = CK \cdot BC = (CM + MK) \cdot BC$，即 $AC \cdot BQ = MK \cdot (AC + BC) + CM \cdot BC$。但通过简单的代数运算依然无法得出想要的结论。

我们再换个思路，假如这个 $\triangle ABC$ 确定，那么显然 K 点也确定，CK 的长度也确定。那我们能不能把 CK 的长度计算出来后直接来看 $\dfrac{1}{AC}+\dfrac{1}{BC}$ 和 $\dfrac{1}{CK}$ 是否相等呢?

这里面首先涉及一个关键问题:怎么量化表达直角三角形 ABC 的形状?我们可以设定两条直角边的比值,比如我们假设 $\dfrac{BC}{AC}=k$,这样这个三角形的形状就固定了。显然内接圆半径之比 $\dfrac{I_2M}{I_1N}=k$,由于 $\triangle I_1KN \backsim \triangle I_2KM$,因此 $\dfrac{MK}{KN}=\dfrac{I_2M}{I_1N}=k$。如果我们知道 $MK+KN$ 的值,那就可以计算出 MK 了。

下面的问题是我们怎么表示这个三角形的边长。一种方法是设 $AC=a$,那么 $BC=ka$,这样我们就可以把所有的量用 k 和 a 来表示。比如我们要计算 CM 的长度,由于 $CM=CD-DM$,我们可以分别计算出 CD 和 DM 之后求两者的差。

因为 $\triangle BCD \backsim \triangle BAC$,所以 $\dfrac{BC}{BA}=\dfrac{CD}{AC}$,从而 $CD=\dfrac{BC}{BA}\cdot AC=\dfrac{ka^2}{\sqrt{1+k^2}\,a}=\dfrac{k}{\sqrt{1+k^2}}a$,$BD=\dfrac{k^2}{\sqrt{1+k^2}}a$。

而 $DM=I_2M$ 为 $\triangle BCD$ 内接圆的半径,可以利用 $\triangle BCD$ 面积求得其长度 r。

由于,$S_{\triangle BCD}=\dfrac{1}{2}(BC+CD+BD)r=\dfrac{1}{2}CD\cdot BD$

所以,$r=\dfrac{CD\cdot BD}{BC+CD+BD}=\dfrac{\dfrac{k}{\sqrt{1+k^2}}a\cdot\dfrac{k^2}{\sqrt{1+k^2}}a}{ka+\dfrac{k}{\sqrt{1+k^2}}a+\dfrac{k^2}{\sqrt{1+k^2}}a}=\dfrac{k^2a}{\left(1+k+\sqrt{1+k^2}\right)\sqrt{1+k^2}}$

从而,$CM=CD-r=\dfrac{k}{\sqrt{1+k^2}}a-\dfrac{k^2a}{\left(1+k+\sqrt{1+k^2}\right)\sqrt{1+k^2}}$

这样的运算太复杂了!

不妨再仔细观察一下前面的图。由于 $AC=AP+PC$,如果我们设 $AP=a$,$PC=b$,则所有的量可以直接用 a、b 和 k 来表示,而且这其中不涉及复杂的平方根运算。当然,a、b 其实有内在的关系,需要时我们可以再把两者的关系表示出来。

　　根据比例关系，有 $CQ=ka$，$BQ=kb$，$MN=CN-CM=CP-CQ=b-ka=MK+KN$，由于 $KN=\dfrac{1}{k}MK$，从而 MK 可以被计算出来。$b-ka=\left(1+\dfrac{1}{k}\right)MK$，因此

$$MK=\frac{kb-k^2a}{k+1}，从而 CK=CM+MK=CQ+MK=ka+\frac{kb-k^2a}{k+1}=\frac{k}{k+1}(a+b)。$$

　　代入后可得：$\dfrac{1}{AC}+\dfrac{1}{BC}=\dfrac{1}{a+b}+\dfrac{1}{ka+kb}=\dfrac{k+1}{k}\cdot\dfrac{1}{a+b}=\dfrac{1}{CK}$。这就完成了证明。

　　除了直接从长度出发，我们也可以从相似三角形的角度思考。按照一般的想法，我们还是把两个圆心和各自的顶点连接起来。这时，我们发现 DI_1 和 DI_2 分别平分 $\angle ADC$ 和 $\angle CDB$，所以 $\angle I_1DI_2=90°$。自然地，我们的一个疑问是 $\triangle I_1DI_2$ 是否与 $\triangle ABC$ 相似？由于 $\triangle ADC\backsim\triangle CDB$，其对应的线段比例也相等，即 $\dfrac{I_1D}{I_2D}=\dfrac{AC}{BC}$，因此 $\triangle I_1DI_2\backsim\triangle ACB$。从而，$\angle DI_1I_2=\angle DAC$，而根据三角形内心的特点，$\angle DI_1C=90°+\dfrac{1}{2}\angle DAC$，从而 $\angle CI_1K=\angle DI_1C-DI_1I_2=90°+\dfrac{1}{2}\angle A-\angle A=90°-\dfrac{1}{2}\angle A$。如果我们延长 DI_1 与 AC 交于 E，则 $\angle EI_1C=180°-\angle DI_1C=90°-\dfrac{1}{2}\angle A$，因此 $\angle CI_1K=\angle CI_1E$，这表明 $\triangle CI_1K\cong\triangle CI_1E$，从而 $CK=CE$。这是一个很重要的结论，因为我们把 CK 变成了 CA 的一部分，更重要的是 DE 还是 $\angle ADC$ 的角平分线，这样我们就可以应用角平分线定理建立比例关系了。

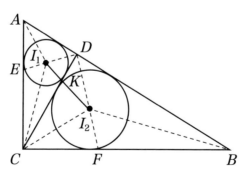

$$\frac{AD}{DC}=\frac{AE}{CE}=\frac{AC-CE}{CE}=\frac{AC-CK}{CK}$$

同理，有：

$$\frac{DC}{DB} = \frac{CF}{FB} = \frac{CK}{BC - CK}$$

由于 $\frac{AD}{DC} = \frac{DC}{DB}$，我们就建立了 AB、BC 和 CK 的一个等式：$\frac{AC - CK}{CK} = \frac{CK}{BC - CK}$。

整理一下即得：$\frac{1}{AC} + \frac{1}{BC} = \frac{1}{CK}$。

第十五题
QUESTION 15

如图所示，已知圆 O 中，直径 $AF \perp BC$ 于点 H，点 D 在 $\overset{\frown}{AB}$ 上，且 $\angle ACD = 30°$，过点 A 作 $AE \perp CD$ 于点 E，已知 $\triangle BCD$ 的周长为 $6\sqrt{3} + 4$，且 $BH = 2$，求圆 O 的半径长度。

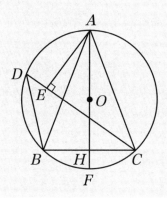

刚看到这题就感觉有点儿奇怪，为什么还要作 $AE \perp CD$？从题目本身而言，这个操作是多余的，更像是提示了一条辅助线。

我们先分析一下题目的条件。这里面最好用的条件就是 $\angle ACD = 30°$，如果我们把 OD、AD、DF 分别连接起来，那就可以得到几个结论：

（1）$\triangle AOD$ 为等边三角形

（2）$\angle AFD = \angle ABD = \angle ACD = 30°$

（3）$AC = 2AE$

（4）DF 平分 $\angle BDC$

甚至，我们还能据此推出 $\angle DAE = 60° - \angle EAF = \angle FAC = \angle FAB = \angle FBH$，继而

$\triangle BFH \backsim \triangle ADE \backsim \triangle ABH \backsim \triangle AFB$。

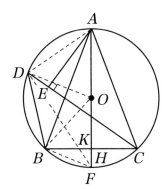

但题目里有一个条件让人比较头疼，即$\triangle BCD$的周长是$6\sqrt{3}+4$，由于$BH=2$，这表明$BD+CD=6\sqrt{3}$。

第一个想法是设半径为r，然后试图把BD和CD都表示为r的表达式，再列出方程求解r。由于$\angle AFD=30°$且$\angle ADF=90°$，因此我们知道$DF=\sqrt{3}r$。而且，根据相交弦定理，$AH \cdot HF=BH \cdot HC$，因此如果我们设$HF=x$，则有$(2r-x)x=4$，解出$x=r-\sqrt{r^2-4}$。由此可见，BC和FD都是固定的，从而B点和D点均固定。既然是固定的，BD和CD的长度原则上就可以用r表示出来。

根据$\triangle BFH \backsim \triangle AFB$可得$\dfrac{BF}{AF}=\dfrac{FH}{BF}$，因此$BF^2=AF \cdot FH$。由于$AF$和$FH$已知，可以将$BF$也表示为$r$的表达式，从而理论上可以用$r$的表达式来表示$\angle BOF$，进而理论上可以用$r$的表达式来表示$BD$的长度（因为圆心角$\angle BOD=180°-\angle AOD-\angle BOF=120°-\angle BOF$）。我们也可以用类似的方法用$r$的表达式表示$CD$的长度。但使用这样的算法，计算过程非常复杂。

如果不从圆心角所对的弧和弦出发，我们也可以设DF与BC交于K，则由于$HF=r-\sqrt{r^2-4}$，而$\angle KFH=\angle ACD=30°$，因此$KH=HF\tan 30°=\dfrac{\sqrt{3}}{3}(r-\sqrt{r^2-4})$，从而，我们可以用$r$的表达式表示出$BK$和$KC$。然后，由于$DF$平分$\angle BDC$，根据三角形角平分线定理可得$\dfrac{DB}{DC}=\dfrac{BK}{KC}$，这样能得到关于$BD$和$DC$的一个方程。但这个计算量也很大。

到这儿，我实在没有勇气沿着这条路继续算下去了。一个最大的感受就是理论脱离实际。虽然直接用 r 的表达式表示出 BD 和 CD 在理论上是可以的，但实际操作起来难度太大。这时候，就不要再一意孤行了，不妨停下来，放松一下，再看看有没有别的路可以走。

我们看一下 $BD + CD = 6\sqrt{3}$ 这个条件，两者之和是 $6\sqrt{3}$，而从图来看，这两者似乎并没有明显的倍数关系，所以分开看似乎不那么可行。那是不是可以把这两条边合起来看？

怎么合？就是把两条边变成一条长度为 $6\sqrt{3}$ 的边，这样就能有效利用这个条件。

为了将 CD 和 BD 合起来，可以有多种方法，比如延长 BD 到某点 G，使得 $DG=CD$，或者反向延长 DB 至 G，使得 $BG=CD$。当然，也可以延长 CD 或 DC。但比较这几种方法，只有延长 CD 最合适。为什么呢？因为这样做可以同时把 $BD + CD = 6\sqrt{3}$ 和 $\angle ACD=30°$ 这两个条件联系起来，这符合我们之前反复强调的作辅助线的原则：**辅助线要把分散的条件最大程度地联系起来。**

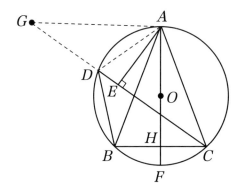

如图所示，延长 CD 到 G，使得 $DG=DB$，从而 $CG = 6\sqrt{3}$。在 $\triangle ACG$ 中，AE 这条垂线已经作好，是不是暗示我们它是 CG 的中垂线呢？如果是这样的话，那问题就迎刃而解了。

这时候，我们需要审视一下已知条件：$BD=GD$，AD 是公共边。假如 AE 是 CG 的中垂线，那么 $AG=AC=AB$，要得出 $\triangle AGD$ 和 $\triangle ABD$ 全等，这就要证明 $\angle ADG=\angle ADB$。

这两个角是否相等呢?

由于 A、C、B、D 四点共圆,且直径 AF 垂直于 BC,因此 $\angle ADG=180°-\angle ADC=180°-\angle ABC=180°-\angle ACB=\angle ADB$。从而,可以得出 $\triangle AGD \cong \triangle ABD$,即 $AG=AB=AC$。

至此,只剩(扫尾的)计算工作了。$EC=3\sqrt{3}$,$AE=3$,$AC=6$,进而 $AH=\sqrt{36-4}=4\sqrt{2}$。根据相交弦定理,$AH \cdot HF=BH \cdot HC$,得 $HF=\dfrac{\sqrt{2}}{2}$,从而 $r=\dfrac{9\sqrt{2}}{4}$。

如果解答题目时直接给出辅助线的做法,然后据此给出答案,那读者只会再一次感叹:绝妙的辅助线!但辅助线真的完全靠灵感、无迹可寻吗?这背后,是不是有些蛛丝马迹或一些基本原则提示我们往这方面走呢?这才是我们要着重思考的。

事实上,上面的过程证明了一个著名的定理,即阿基米德折弦定理:

一个圆中一条由两长度不同的弦组成的折弦所对的两段弧的中点在较长弦上的射影,就是折弦的中点。

我们可以通过下图来说明一下这个定理。如图所示,圆内有两条长度不同的弦 AB 和 BC,且 $AB>BC$,M 为弧 $\overset{\frown}{AC}$ 的中点,过 M 作 $MF \perp AB$ 于 F,则 F 为折弦 A-B-C 的中点,即 $AF=BF+BC$。

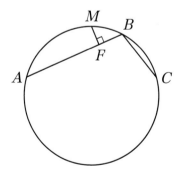

如果在原题中直接应用这一定理,那就可以得出 $EC=BD+DE=\dfrac{1}{2}(BD+CD)=3\sqrt{3}$,从而直接进入到扫尾的计算工作。但正如我所说的,这样就丧失了一点解题的乐趣,而我恰恰是在忘掉了大部分的定理之后,才真正享受到探索的乐趣。

第十六题
QUESTION 16

——

已知：如图1所示，△ABC 中，∠ACB=90°，AC=BC，BD 为 AC 边上的中线，过 A 作 AE⊥BD 交 BD 的延长线于点 E。

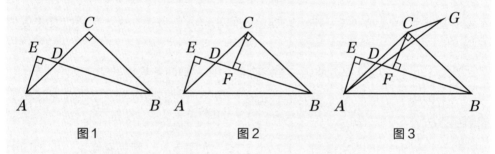

图1　　　　　　图2　　　　　　图3

（1）∠EAD=∠CBD ；

（2）如图2所示，过点 C 作 CF⊥BD 于 F 所示，求证：BF=2AE ；

（3）在（2）的条件下，如图3所示，在△ABC 的外部作 ∠BCG=∠BCF，且 CG=CF，连接 AG，若 AD = $\sqrt{2}$，写出线段 AG 的长。

这个题目的前两问很简单，本书就不进行证明了，直接解答最后一问。

我们采用精确作图的方法，按题目要求作完图后，直接量一下可以发现 AG=AB=4，下面我们用不同的方法来证明这一结果。

第一种方法其实是不去证明 AG=AB，而是直接计算 AG 的长度。由于图里的每一条边长和每一个角都是固定的，而且△ABC 是等腰直角三角形，因此我们可以用解析几何的方法来求解。解析几何方法的好处就是解题思路简单直接，缺点是计算量比较大。

以 A 为原点，AB 为 x 轴建立坐标系。根据坐标系，可以得到一些点的坐标，它们分别为：$A(0, 0)$，$B(4, 0)$，$C(2, 2)$，$D(1, 1)$。根据 B、D 点的坐标，直线 BD 的方程为 $y = -\dfrac{1}{3}x + \dfrac{4}{3}$。$CF$ 垂直于 BD，因此其直线的斜率为 3，CF 的方程为 $y-2=3(x-2)$，即 $y=3x-4$。联立 BD 和 CF 的方程，可以求出 F 点的坐标 $x=\dfrac{8}{5}$，$y=\dfrac{4}{5}$。由于 BC 的方程为 $y=-x+4$，G 点为 F 点关于 BC 的对称点，因此，FG 的斜率为 1，其方程为 $y - \dfrac{4}{5} = x - \dfrac{8}{5}$，即 $y = x - \dfrac{4}{5}$，可以进一步求得 G 点坐标为 $\left(\dfrac{16}{5}, \dfrac{12}{5}\right)$，从而可以求得 AG 的长度为 4。

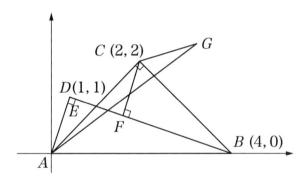

如果不用解析几何的方法，而是试图证明 $AG=AB$，那么一个最朴实的想法是将 GB 连起来，然后证明 $\triangle AGB$ 的两个底角相等，即证明 $\angle AGB=\angle ABG$。

如果我们设 $\angle CBF=\alpha$，那么 $\angle ABE=45°-\alpha$，$\angle ABG=\angle ABC+\angle CBG=45°+\alpha$。

由于 $\angle CGB=90°$，假如 $\angle AGB=\angle ABG=45°+\alpha$ 成立的话，那么 $\angle AGC$ 应该等于 $90°-(45°+\alpha)=45°-\alpha$，即与 $\angle ABE$ 相等。

怎么让 $\angle AGC$ 和 $\angle ABE$ 建立联系呢？看上去这有点像两个圆周角。为此，我们延长 GC 和 BE，交于 K 点，连接 KA。如果我们能证明 K、A、B、G 四点共圆，那就有 $\angle AGC=\angle ABE$。

由于 $\angle KGB=90°$，为了证明 K、A、B、G 四点共圆，我们只需证明 $\angle KAB=\angle KGB=90°$ 即可。利用角度直接证明有点难度，但题目中告诉了我们不少长度及长度之间的关系，我们是否可以利用勾股定理的逆定理来证明这一点呢？

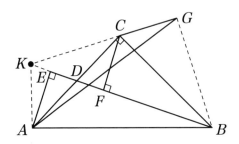

由于 $AD = \sqrt{2}$，且 $BF : CF = CF : DF = AE : ED = 2$，因此可以算得 ED、DF、AE、CF、CG、BF、BG 的长度，分别为：$ED = DF = \dfrac{\sqrt{10}}{5}$，$AE = CF = CG = \dfrac{2\sqrt{10}}{5}$，$BG = BF = 2AE = \dfrac{4\sqrt{10}}{5}$。

下面我们来求 EK 的长度。假设 $EK = x$，由于 $\angle KBC = \angle CBG$，因此 BC 为 $\angle KBG$ 的平分线，根据角平分线定理，有：$\dfrac{BG}{BK} = \dfrac{CG}{CK}$，即：$\dfrac{\dfrac{4}{5}\sqrt{10}}{\dfrac{6}{5}\sqrt{10} + x} = \dfrac{\dfrac{2}{5}\sqrt{10}}{CK}$，

从而 $CK = \dfrac{x}{2} + \dfrac{3}{5}\sqrt{10}$；由于 $FK = EK + ED + DF$，所以 $FK = x + \dfrac{2}{5}\sqrt{10}$。

在直角三角形 CKF 中应用勾股定理，可得：$\left(\dfrac{x}{2} + \dfrac{3}{5}\sqrt{10}\right)^2 = \left(x + \dfrac{2}{5}\sqrt{10}\right)^2 + \left(\dfrac{2}{5}\sqrt{10}\right)^2$，解得：$EK = x = \dfrac{2\sqrt{10}}{15}$。然后在直角三角形 KEA 中应用勾股定理可以计算出 $AK = \dfrac{4}{3}$。

此时，$\triangle AKB$ 中三边长度均已知，分别为 $AK = \dfrac{4}{3}$，$AB = 4$，$KB = FK + BF = \dfrac{2\sqrt{10}}{15} + \dfrac{2}{5}\sqrt{10} + \dfrac{4}{5}\sqrt{10} = \dfrac{4}{3}\sqrt{10}$。计算可知三条边满足 $AK^2 + AB^2 = \dfrac{160}{9} = KB^2$，根据勾股定理的逆定理可知 $\angle KAB = 90°$。从而，我们证明了 K、A、B、G 四点共圆，也就证明了 $\angle AGC = \angle ABE$。根据一开始的分析，这表明 $\triangle AGB$ 为等腰三角形，因此 $AG = AB$。

上面的解法虽然是一种几何方法，但步骤过程算不上能让人赏心悦目，用到

了角平分线定理、四点共圆、勾股定理和勾股定理的逆定理等诸多定理，而且还需要烦琐的计算。在我们的内心，一定渴望找到一个优美的纯几何证明法。

那除了通过等腰三角形来证明 $AG=AB$，还有什么办法可以证明两条线段相等呢？全等三角形似乎是一种常用的手段。

可要说明哪两个三角形全等呢？不妨先观察一下。

图中，AG 是 $\triangle ACG$ 的一条边，我们需要以 AB 边构造一个三角形，使得其另两条边的长度分别等于 CG 和 AC。这样的三角形一共有 4 个，我们可以分别画一下。

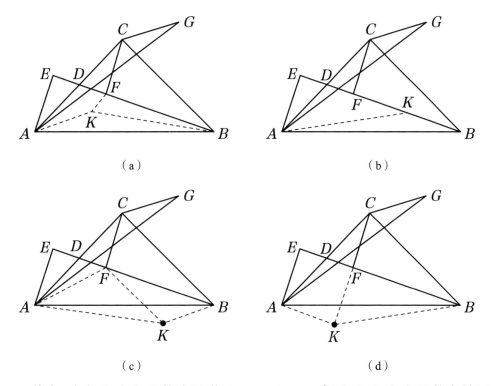

（a） （b）

（c） （d）

其中，（a）和（c）比较难证明 $\angle AKB=\angle ACG$，但（b）和（d）比较容易证明这两个角度相等。

对于（b），假如 $\triangle AKB \cong \triangle ACG$，则 $\angle ABK=\angle AGC=\angle ABE$，从而 K 要在 BE 上。因此，我们可以作辅助线，在 BE 上取一点 K，使得 $BK=CG$，连接 AK。由于 $BF=2AE=2CF=2CG$，而 $BK=CG$，因此 K 点为 BF 的中点。显然，

$\triangle AKE \cong \triangle CBF$，因此 $AK=BC=AC$。同时，$\angle AKB=90°+\angle EAK=90°+\angle FCB=90°+\angle GCB=\angle ACG$。因此，$\triangle AKB \cong \triangle ACG$，从而 $AG=AB=4$。

而对于 (d)，根据前两问，假如 $\triangle AKB \cong \triangle GCA$，则 $AK=CG=CF=EF=AE$ 且 $AC=BC=BK$。假如我们连接 FK，则应该有 $AEFK$ 为正方形。因此，我们得到了下面的辅助线作法：延长 CF 到 K，使得 $CF=FK$，那么四边形 $AEFK$ 是正方形。或者，将 C 作关于直线 BE 的对称点 K，从而 $BC=BK=AC$。然后连接 AK 和 BK。至此，证明 $\triangle AKB \cong \triangle GCA$ 即可。

由于 $CG=CF=AK$，$AC=BC=BK$，$\angle AKB=90°+\angle CKB=90°+\angle KCB=90°+\angle GCB$ $=\angle GCA$，因此 $\triangle AKB \cong \triangle GCA$，从而 $AG=AB=4$。

相比于前面过程烦琐的证明方法，这两个平面几何证明方法的解题过程就要简洁许多。在平时的练习中，我们不应该只满足于一种解法，特别是当给出的解法连自己都感到不满意时，一定要有一种追求卓越的精神，努力给出一种让自己感到满意的优美解法。通常来说，这种解法是存在的。

第十七题
QUESTION 17

如图所示，已知圆 O 为 $\triangle ABC$ 的外接圆，$\angle BAC=60°$，I、H 分别为 $\triangle ABC$ 的内心和垂心，证明 $OI=IH$。

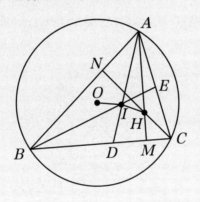

要证明 $OI=IH$，一种方法是利用等腰三角形，比如把 OH 连起来，证明 $\triangle IOH$ 为等腰三角形，但要证明这两个底角相等并不容易。不过，如果能说明 O、H 关于 AD 对称的话，那问题就解决了。但怎么证明 O、H 关于 AD 对称呢？这需要证明 AD 垂直平分 OH。有一点是不难证明的，即 AD 平分 $\angle OAH$。这是由于 AD 平分 $\angle BAC$，因此 $\angle BAI=\angle CAI$。$\angle CAM=90°-\angle ACB$，$\angle BAO=\dfrac{1}{2}(180°-\angle AOB)=90°-\angle ACB$，因此 $\angle CAM=\angle BAO$。从而，$\angle OAI=\angle HAI$。因此，我们只要证明 AD 垂直于 OH 即可。但至此，发现举步维艰。因为所要证明的和 $\angle BAC=60°$ 似乎没有办法建立直接的关联。

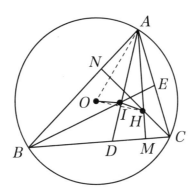

证明两条线段相等的一种常用方法是利用全等三角形。在题目给出的图中，
IH 为 $\triangle AIH$ 的一条边，但 IO 还不在（三角形）中。如果我们连接 OA，则 IO 就
在 $\triangle AIO$ 中。

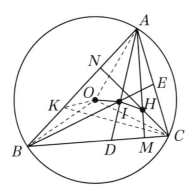

通过前面的尝试，我们得到了 $\angle OAI = \angle HAI$ 的结果。如果 $OI = IH$，那么是不
是可以试着证明 $\triangle AIH \cong \triangle AIO$？这就需要我们先证明 $AO = AH$。AO 是外接圆的
半径，AH 是 A 点到垂心的距离，这两者一般不会相等。

为什么两者相等呢？肯定是因为 $\angle BAC = 60°$。$60°$ 是一个特殊的角，我们可以
尝试构造一个等边三角形。

第一个想法最直接，即在 AB 上截取 K，使得 $AK = AC$，则 $\triangle AKC$ 为等边三角
形。显然 AD 垂直平分 KC，CN 垂直平分 AK。我们发现如果 $AO = AH$，那么 O、
H 应该关于 AD 对称，这表明类似于 CH 垂直平分 AK，KO 应该垂直平分 AC。连
接 KO、OC，由于 $OA = OC$，$AK = CK$，$OK = OK$，因此 $\triangle AOK \cong \triangle COK$，$KO$ 垂

直平分 AC，O 点为 H 关于 AD 的对称点，从而 $OI=IH$。（注：我们可以通过证明 $\triangle AKO \cong \triangle ACH$，进而证明 $\triangle AIO \cong \triangle AIH$ 来证明 $OI=IH$。）当然，我们也可以延长 AC 至 G，使得 $AG=AB$，从而构造等边三角形 ABG，在这种情况下，我们是不是依然可以证明 O 和 H 关于 AD 对称呢？读者可以自行思考一下。

第一次思考试图直接证明 AD 垂直于 OH 虽然无果，却给后面的证明提供了线索。

除了用上面的方法直接构造等边三角形，如果我们连接 OA、OB、OC，则 $\angle BOC=120°$。如果我们延长 BO 交圆于 K，连接 KC，那么 $\triangle OKC$ 是等边三角形，我们要证明 $AO=AH$，只要证明 $AH=KC$ 即可。由于 $AH \perp BC$，$KC \perp BC$，因此 $AH // KC$，同理由于 $KA \perp AB$，$CH \perp AB$，因此 $AK // CH$，得出 $AHCK$ 为平行四边形，这就证明了 $AH=KC=OA$，继而 $\triangle AIO \cong \triangle AIH$，因此 $OI=HI$。

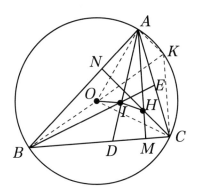

在上面的两种证明中，我们都用到了对称的思想。第一种方法中，我们利用 O 和 H 关于 AD 对称简化了证明；第二种方法中，同理说明 $KA // HC$ 和 $AH // KC$，也是利用了对称性。利用好对称性，往往能使问题的证明更具直观性和简洁美。

下 篇

启发及引导七讲

一、全等三角形及其运用

例1 　　如图所示，△ABC 是等腰三角形。AB = AC，并且 ∠A = 20°，在 AB 边上有一点 D，∠BDC = 30°。试证明：AD = BC。

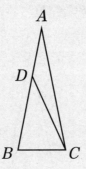

思路1 ▶ 为了证明 AD = BC，构造分别以 AD 与 BC 为斜边的两个全等的直角三角形。而在现有的题设条件下，在图（1）中，可以过点 B 作 CD 的垂线，垂足为 G；再过点 D 作 AC 的垂线，垂足为 H，于是得到两个直角三角形：Rt△BGC 与 Rt△AHD。

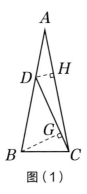

图（1）

由题设条件知：∠ABC＝∠ACB＝80°，∠DBG＝60°，因此 ∠A＝∠CBG＝20°。

又因为要证明：AD = BC，故猜测这两个直角三角形一定是全等的。但是这里除了对应的角相等之外，无法确定有一对直角边也对应相等。因此"思路1"无法继续推进……

思路2 充分发挥条件 $\angle BDC = 30°$ 的作用，研究 $\frac{1}{2}AD$ 与 $\frac{1}{2}BC$ 是否相等。

在图（2）中，过点 A 作 CD 的延长线的垂线，垂足为 E；由于 $\angle ADE = 30°$，故 $AD = 2AE$；再过点 A 作 BC 的垂线，垂足为 F。由于 $\triangle ABC$ 是等腰三角形，所以底边 BC 的高也是其中线，故 $BC = 2FC$。

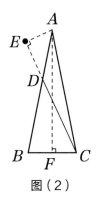

图（2）

这样，要证明的结论 $AD = BC$，可转化为证明 $AE = FC$。

于是问题就化归为：证明 $Rt\triangle AEC \cong Rt\triangle CFA$。

观察这两个直角三角形：$Rt\triangle AEC$ 与 $Rt\triangle CFA$

（1）斜边是公共的；

（2）由于 $\angle ACE = \angle ADE - \angle CAD = 30° - 20° = 10°$、$\angle CAF = \frac{1}{2} \times 20° = 10°$。

故有：$Rt\triangle AEC \cong Rt\triangle CFA$，

从而 $AD = BC$。

例2 如图（1）所示，在梯形 $ABCD$ 中，$AD /\!/ BC$，以腰 AB、CD 为一边分别向两边作正方形 $ABGE$ 和 $DCHF$，设线段 AD 的垂直平分线 l 交线段 EF 于点 M，求证：M 是 EF 的中点。

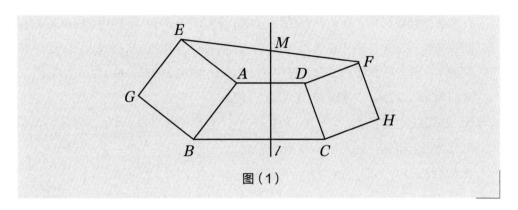

图（1）

步骤1 要证明 M 是 EF 的中点，就是要证：$EM = FM$，需要构造两个全等的三角形，而 EM 与 FM 就是它们的对应边。

在图（2）中，由点 E、点 F 分别向 l 作垂线，垂足分别设为 P、Q，这样就需要证明：$Rt\triangle EPM \cong Rt\triangle FQM$。

这里缺少结论：$EP = FQ$ 或者 $PM = QM$，可是这两个结论都不易被证明。

但是从要证明的结果 $EM = MF$ 反向推断，这两个结论又是一定要成立的。

那么，如何从已知条件入手来突破这一点呢？

步骤2 再在图（2）中，过点 A 作 BC 的垂线，它与 EP 交于 N_1，与 BC 交于 N_2。再过点 D 作 BC 的垂线，它与 FQ 交于 G_1，与 BC 交于 G_2。又设 l 与 AD、BC 分别交于 T_1、T_2。

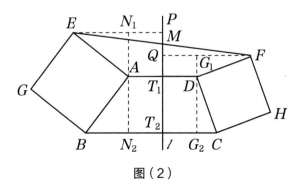

图（2）

再考虑到题设条件：①l是AD的中垂线，则$AT_1 = DT_1$；②四边形$ABCD$是梯形，所以$AN_2 = DG_2$；由于正方形$ABGE$，从而可得：$\text{Rt}\triangle AN_1E \cong \text{Rt}\triangle BN_2A$，故$EN_1 = AN_2$；再有正方形$CDFH$，又得$\text{Rt}\triangle CG_2D \cong \text{Rt}\triangle DG_1F$，故$FG_1 = DG_2$。

又因为$AN_2 = DG_2$，进而有：③$EN_1 = FG_1$

综上①②③可得：$EN_1 + N_1P = FG_1 + G_1Q$，亦即$EP = FQ$。

再综合以上可知：$\text{Rt}\triangle EPM \cong \text{Rt}\triangle FQM$，

故有$EM = FM$，即点M为E、F的中点。

例 3 如图（1）所示，在$\triangle ABC$中，$AB = AC$，BD平分$\angle ABC$，交AC于D，若$BC = CD + AB$，试求$\angle A$的度数。

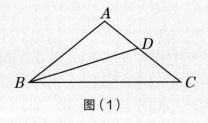

图（1）

思路分析

如何应用题设条件"$BC = CD + AB$"是本题求解的关键。

一般来讲，题设条件的应用常常有两种方法：一是"补短法"，即将短的两条线段接起来，对接之后与长的线段相等；二是"截长法"，即将长的线段分成两段，让它们分别与两条短的线段相等。

那么，这里我们如何"补短"与"截长"呢？

思路1 （补短法1）如图（2），延长DA到E，使$DE = AB$。

因为$BC = CD + AB$，所以$BC = CE$。

故$\angle E = \angle CBE$。

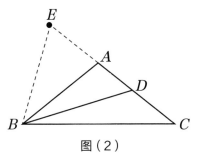

图（2）

设 $\angle BAC = \alpha$，由于 $\triangle ABC$ 是等腰三角形，故 $\angle ABC = \angle C = 90° - \dfrac{\alpha}{2}$。

于是 $\angle E = \angle CBE = \dfrac{1}{2}(180° - \angle C) = 45° + \dfrac{\alpha}{4}$。

考虑 $\triangle DBE$ 另外两个内角：$\angle BDE = \angle C + \dfrac{1}{2}\angle ABC = \dfrac{3}{2}\angle C = \dfrac{3}{2}\left(90° - \dfrac{\alpha}{2}\right) =$

$135° - \dfrac{3}{4}\alpha$，$\angle DBE = \angle E - \dfrac{1}{2}\angle ABC = \angle E - \left(45° - \dfrac{\alpha}{4}\right) = 45° + \dfrac{\alpha}{4} - \left(45° - \dfrac{\alpha}{4}\right) = \dfrac{\alpha}{2}$。

因为 $\angle BDE + \angle E + \angle DBE = 180°$，即 $135° - \dfrac{3}{4}\alpha + 45° + \dfrac{\alpha}{4} + \dfrac{\alpha}{2} = 180°$，其中 α 被抵消，只能得到：$180° = 180°$，没有任何作用。

同样再考虑 $\triangle ABC$ 的内角和也无法求出 α 的度数。利用 $\angle BAC = \angle E + \angle ABE$ 的话，得 $\alpha = 45° + \dfrac{\alpha}{4} + 45° + \dfrac{\alpha}{4} - \left(90° - \dfrac{\alpha}{2}\right)$，即 $\alpha = \alpha$，还是无法确定 α 的值。至此，是继续在此探究，还是另辟蹊径？

思路2（补短法2）如图（3）所示，延长 BA 至 E，使 $AE = CD$。因为 $BC = CD + AB$，所以 $BE = BC$。

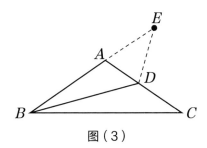

图（3）

因为 BD 是 $\angle ABC$ 的角平分线，所以 $\triangle BDC \cong \triangle BDE$，$\angle E = \angle C$，$DE = DC$，

故 $AE = DE$ ， $\triangle ADE$ 是等腰三角形。

设 $\angle BAC = \alpha$ ，则 $\angle C = 90° - \dfrac{\alpha}{2}$ ， $\angle ADE = \angle DAE = 180° - \alpha$ ，

所以， $\angle E + \angle ADE + \angle DAE = \angle C + \angle ADE + \angle DAE = 180°$ ，

即 $90° - \dfrac{\alpha}{2} + 2 \cdot (180° - \alpha) = 180°$ ，得 $\alpha = 108°$ 。

思路3 （截长法）如图（4）所示，在 BC 上取点 G ，使 $BG = AB$ ，则由题设条件： $BC = CD + AB$ ，可知： $CG = CD$ 。 $\triangle CDG$ 是等腰三角形。

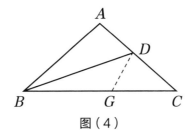

图（4）

由于 $AB = BG$ ， BD 是 $\angle ABC$ 的平分线。

所以 $\triangle ABD \cong \triangle GBD$ ，故 $\angle BGD = \angle A = \alpha$ ，于是 $\angle CDG = \angle CGD = 180° - \alpha$ ，

$\angle C = 90° - \dfrac{\alpha}{2}$ ，

考虑 $\triangle CDG$ 的三内角和： $\angle CDG + \angle CGD + \angle C = 2 \cdot (180° - \alpha) + 90° - \dfrac{\alpha}{2} = 180°$ 。

解得： $\alpha = 108°$

> **说明**　对比以上 3 种思路，可以发现思路 2 与思路 3：用辅助线创造了全等三角形，从而使题设条件充分发挥了作用，所以它们都比较简洁有效。而思路 1 在不易理清楚情况时，就建立关于 α 的方程，因此无法得到正确结果。

例 4　如图（1）所示，点 P 是正方形 $ABCD$ 内的一点，若 $\triangle APD$ 是等腰三角形，并且 $\angle PAD = \angle PDA = 15°$ ，试证明： $\triangle PBC$ 是正三角形。

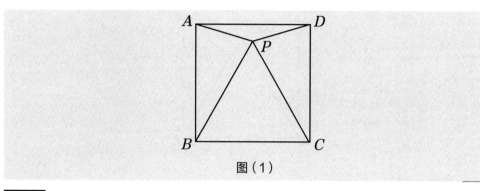

图（1）

思路1 先证明 $PB=PC$，即 $\triangle PBC$ 为等腰三角形，再证明一底角：$\angle PBC=60°$。

（1）观察 $\triangle PAB$ 与 $\triangle PCD$，

由于 $\angle BAP=90°-15°=75°$，同样 $\angle CDP=75°$，故 $\angle BAP=\angle CDP$。

又因为 $AB=CD$，$PA=PD$，所以 $\triangle PAB\cong\triangle PDC$。

因此，$PB=PC$，$\triangle PBC$ 是等腰三角形。

（2）设 $\angle PBC=\alpha$，则 $\angle PCB=\alpha$。

于是，$\angle ABP=\angle DCP=90°-\alpha$。

怎样才能推算出 $\alpha=60°$ 呢？

我们考虑点 P 处的周角有 4 个角组成：$\angle BPC$、$\angle BPA$、$\angle APD$ 与 $\angle DPC$。其中三个角可以用 α 表示，而 $\angle APD=150°$。

其中 $\angle BPA=\angle DPC=180°-75°-(90°-\alpha)=15°+\alpha$，$\angle BPC=180°-2\alpha$。

于是有 $2\times(15°+\alpha)+180°-2\alpha+150°=360°$。化简此式，可以发现：

它不是一个含 α 的一元一次方程，无法算出 α 的具体的度数。

证明过程无法继续下去。

思路2 在图（2）中，以 BC 为边向正方形 $ABCD$ 内作 $\triangle BCP'$，$\triangle BCP'$ 为等边三角形。

接下来我们要探证：$\triangle PAD$ 与 $\triangle P'AD$ 能否重合，即验证是否有 $\angle PAD\cong\angle P'AD$？

由于 $BP'=BA$，$\angle ABP'=90°-60°=30°$，所以 $\angle BAP'=75°$；同样 $\angle CDP'=75°$。

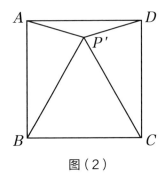

图（2）

所以 $\angle P'AD = \angle P'DA = 15°$，再由于 $AD = AD$，

故 $\triangle PAD \cong \triangle P'AD$。于是 P 与 P' 两点重合。

所以 $\triangle PBC$ 是等边三角形。

 思路 2 中的证法，与思路 1 本质上是同一法。

 （2009 欧拉奥林匹克决赛）如图（1）所示，在四边形 $ABCD$ 中，$AB = BD$，$\angle ABD = \angle DBC$，点 K 是角平分线 BD 与 AC 的交点，且 $BK = BC$。证明：$\angle KAD = \angle KCD$。

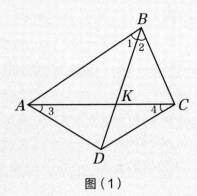

图（1）

思路1 ▶ 在图（1）中，设 $\angle ABD = \angle 1$，$\angle DBC = \angle 2$，$\angle KAD = \angle 3$，$\angle KCD = \angle 4$。

由题设条件知：等腰 $\triangle BAD$ 与等腰 $\triangle BKC$ 的顶角 $\angle 1 = \angle 2$，故 $\triangle BAD \backsim \triangle BKC$，所以 $\angle ADB = \angle KCB = \angle CKB = \angle AKD$，于是 $\triangle ADK$ 也是等腰三角形。因其底角 $\angle AKD$ 和等腰 $\triangle BKC$ 的底角 $\angle CKB$ 相等，故它们的顶角 $\angle 3 = \angle 2$，所以 $\angle 1 = \angle 2 = \angle 3$，故我们要证明 $\angle 3 = \angle 4$ 就转为了证明 $\angle 1 = \angle 4$。

观察 $\triangle AKB$ 与 $\triangle CKD$，它们有一对顶角相等，要证明 $\angle 1 = \angle 4$，故一定要有：$\triangle AKB \backsim \triangle DKC$。由于 $\triangle BKC \backsim \triangle AKD$，因此 $\dfrac{BK}{AK} = \dfrac{KC}{KD}$，而 $\angle BKA = \angle CKD$，故 $\triangle AKB \backsim \triangle DKC$，从而结论得证。

思路2 ▶ 将证明 $\angle KAD = \angle KCD$ 转化为证明 $AD = DC$。而思路1中已经有了 $AD = AK$。

因而又可转为：证明 $AK = DC$。

而线段相等求证，常常是通过三角形的全等而获证的。这就要求我们在图（2）中，寻找分别以 AK 与 DC 为对应边的两个全等的三角形。

显然 $\triangle AKB$ 与 $\triangle CKD$ 不全等，因此需要我们在图（2）中构造出：以 AK 与 DC 为对应边的两个全等三角形。

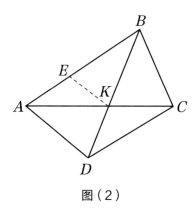

图（2）

在图（2）中，过点 K 作 AD 的平行线，交 AB 于 E，从而得到 $\triangle AKE$，AK 是其一边。那么，是否有：$\triangle AEK \cong \triangle DKC$ 呢？

首先由 $KE // AD$，$AB = BD$ 可知 $BE = BK$，故有 $AE = DK$。而 $\triangle BEK$ 与 $\triangle BKC$

这两个等腰三角形的顶角又相等，故 $\triangle BEK \cong \triangle BKC$，于是 $KE = KC$。

因为 $\angle BEK = \angle BKC$，所以 $\angle AEK = \angle DKC$，于是 $\triangle AEK \cong \triangle DKC$，所以 $AK = DC$，故 $\angle KAD = \angle KCD$ 成立。

思路 3 ▶ 将本例题看成与圆有关的问题，从四点共圆的角度来探证该问题。

在图（1）中，由题条件可知：$\triangle BAD$、$\triangle BKC$ 均为等腰三角形，且 $\angle ABD = \angle DBC$，故它们的底角：$\angle ADB = \angle KCB$。

所以 A、B、C、D 四点共圆。

所以 $\angle 1 = \angle 4$，$\angle 2 = \angle 3$。

因为 $\angle 1 = \angle 2$，所以 $\angle 3 = \angle 4$，即 $\angle KAD = \angle KCD$ 成立。

> **说明**　　　以上 3 种思路，分别是从三角形相似、三角形全等与四点共圆的角度来求证的。对比 3 种思路，通过四点共圆来求证是最佳方案，思路通顺，方法简洁。但是，在没有学习圆的知识体系的情况下，也就只能从全等与相似的角度来探证问题。

例 6　　（第一届 *IMO* 中国国家队集训试题）已知 P 为 $\triangle ABC$ 内一点，$\angle PAC = \angle PBC$，由 P 作 $PL \perp BC$ 于 L，$PM \perp CA$ 于 M，设 AB 中点为 D，求证：$DM = DL$。

思路 1 ▶ 根据题意作出示意图，如图（1）所示，并连接 ML，则就是要证明 $\triangle DML$ 为等腰三角形。于是可转化为：证明 $\angle DML = \angle DLM$。而这里很难找到它与题设条件之间的内在联系，因此，只能另寻出路。

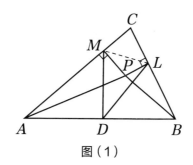

图（1）

思路 2 ▶ 题目中显然没有直接给出以 *DM*、*DL* 为对应边的两个全等三角形。

那么，我们能否借助于图（1）及题设条件来构造出这样的两个全等三角形呢?

在图（2）中，取 *AP* 中点为 *E*，取 *BP* 中点为 *F*，并连接 *ME*、*DE*、*LF* 与 *DF*。

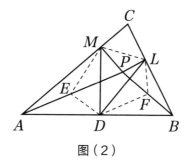

图（2）

观察 △*EDM* 与 △*FLD*，如果它们全等，则结论成立。

① 由于 *D* 是 *AB* 的中点，所以 *DE* 与 *DF* 分别是 △*PAB* 关于 *PB* 与 *PA* 边上的中位线，故 $DE = \frac{1}{2}PB$、$DF = \frac{1}{2}PA$。

② 由于 *E*、*F* 分别是 Rt△*AMP* 与 Rt△*BLP* 这两个直角三角形斜边上的中点，故又有 $EM = \frac{1}{2}PA$、$FL = \frac{1}{2}PB$。

由①与②可知：*DE* = *FL*、*DF* = *EM*。

③ 再观察 ∠*MED* 与 ∠*DFL*，

∠*MED* = ∠*MEP* + ∠*PED*、∠*DFL* = ∠*LFP* + ∠*PFD*。

因为 ∠*MEP* = 2∠*PAC*、∠*LFP* = 2∠*PBC*，且 ∠*PAC* = ∠*PBC*，

所以 ∠*MEP* = ∠*LFP*。

由于 $DE /\!/ BP$、$DF /\!/ AP$。故四边形 $DEPF$ 是平行四边形，从而知 $\angle PED$ 和 $\angle PFD$ 是平行四边形 $DEPF$ 的一对对角，所以 $\angle PED = \angle PFD$。

故 $\angle MED = \angle DFL$。

于是 $\triangle EDM \cong \triangle FLD$。

因此，$DM = DL$。

说明 证明两条线段相等，常用的办法是寻找两个全等的三角形，而这两条线段是这两个全等三角形的对应边。但题设条件常常不会直接给出两个全等三角形。那么我们就要用辅助线构造出两个全等的三角形。

例 7 （2003 年全国初中数学联赛）如图（1）所示，在 $\triangle ABC$ 中，D 为 AB 的中点，分别延长 CA、CB 到点 E、F，使 $DE = DF$。过 E、F 分别作 CA、CB 的垂线，相交于点 P。连线段 PA、PB。求证：$\angle PAE = \angle PBF$。

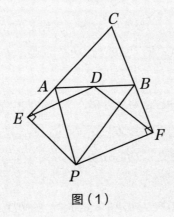

图（1）

思路 1 考虑到要证明相等的两个角：$\angle PAE$ 与 $\angle PBF$ 是 $Rt\triangle PEA$ 与 $Rt\triangle PFB$ 的两个锐角，故必有 $Rt\triangle PEA \backsim Rt\triangle PFB$。

但是又无法求得相关的边成比例，也不易得到 $\angle EPA = \angle FPB$，故顺着这条思路解题难度较大。

思路2 分别取 PA、PB 中点，利用直角三角形斜边中线等于斜边一半及三角形中位线的性质，可实现将题目中的条件进行关联。

如图（2）所示，设线段 PA、PB 的中点分别为 M、N。

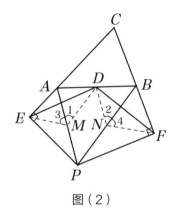

图（2）

因为 D 是 AB 的中点，所以 MD 是 $\triangle ABP$ 的中位线，MD 平行且等于 $\frac{1}{2}BP$，即 MD 平行且等于 PN。所以四边形 $PMDN$ 是平行四边形。

设 $\angle AMD = \angle 1$，$\angle BND = \angle 2$，$\angle AME = \angle 3$，$\angle BNF = \angle 4$，于是 $\angle 1 = \angle MPN$，$\angle 2 = \angle MPN$，因此 $\angle 1 = \angle 2$。

再来考虑证明 $\angle PAE = \angle PBF$。由于 EM 是 $Rt\triangle PEA$ 斜边上的中线，故 $EM = AM$；同理 $NF = NB$，所以 $\triangle MAE$ 与 $\triangle NBF$ 均为等腰三角形，于是要证它们的底角 $\angle PAE$ 和 $\angle PBF$ 相等，只需要证明它们顶角相等，即要证 $\angle 3 = \angle 4$。

因为 $\angle 1 = \angle 2$，所以要证 $\angle 1 + \angle 3 = \angle 2 + \angle 4$，故要证 $\triangle DEM \cong \triangle DFN$。

观察 $\triangle DEM$ 与 $\triangle DFN$，题设条件：$DE = DF$。

并且 $EM = \frac{1}{2}PA = DN$，$FN = \frac{1}{2}PB = DM$。

因此 $\triangle DEM \cong \triangle FDN$，故 $\angle PAE = \angle PBF$ 成立。

例8　如图（1）所示，D 为 $\triangle ABC$ 的中线 AM 的中点，过点 M 作 AB、AC 边的垂线，垂足为分别为 P、Q，过点 P、Q 分别作 DP、DQ 的垂线交于点 N。求证：$MN \perp BC$。

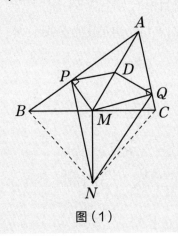

图（1）

思路1　在图（1）中连接 NB、NC，由于点 M 是 BC 的中点，又要证明：$MN \perp BC$，所以就要求证：$NB = NC$。

但是它的求证，在这里似乎很难办到。

思路2　考虑到图中有许多直角三角形，而直角三角形斜边上的中线是斜边的一半，于是我们在图（2）中分别取 BM、CM 的中点 E、F，连 PE、EN、FQ、FN。

在 Rt$\triangle BPM$ 中，PE 是斜边 BM 的一半，同样在 Rt$\triangle CQM$ 中，QF 是斜边 CM 的一半，又因为 $BM = CM$，故 $PE = QF$。

由 M 是 BC 边的中点，E、F 分别为 BM 和 CM 的中点可得，M 是 EF 的中点，MN 为 $\triangle ENF$ 的中线。要证明 $MN \perp BC$，可联想到等腰三角形三线合一的性质，因此只要证明 $NE = NF$ 即可。

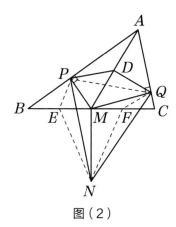

图（2）

观察 $\triangle PEN$ 与 $\triangle QFN$，如果 $NP = NQ$，则 $\triangle PEN \cong \triangle QFN$。

（1）探求是否有：$NP = NQ$？

在图（2）中连接 PQ，由于 D 是 AM 的中点，所以在 Rt$\triangle APM$ 与 Rt$\triangle AQM$ 中分别有：$DP = \dfrac{1}{2}AM$，$DQ = \dfrac{1}{2}AM$，故 $DP = DQ$。所以 $\triangle DPQ$ 是等腰三角形，从而其两个底角 $\angle DPQ = \angle DQP$。又因为 $NP \perp DP$ 且 $NQ \perp DQ$，所以 $\angle NPD = 90° = \angle DPQ + \angle NPQ$，$\angle NQD = 90° = \angle DQP + NQP$，故 $\angle NPQ = \angle NQP$。

所以 $NP = NQ$。

（2）再来探证是否有：$\angle EPN = \angle FQN$？

$\angle EPN = 90° - \angle BPE - \angle NPM = 90° - \angle B - (90° - \angle MPD) = 90° - \angle B - \angle DPA = 90° - \angle B - \angle BAM = 90° - \angle AMC$。

因为 DQ 是 Rt $\triangle AQM$ 的斜边中线，所以 $DQ=DM$，$\angle DMQ = \angle DQM$，

又因为 $\angle CQN + \angle MQN = \angle MQN + \angle DQM = 90°$，故 $\angle CQN = \angle DQM = \angle DMQ$。

再由于 $\angle FQM = \angle FMQ$，故 $\angle CQN + \angle FQM = \angle DMQ + \angle FMQ = \angle AMC$。

因此 $\angle FQN = 90° - (\angle CQN + \angle FQM) = 90° - \angle AMC$。

故 $\angle EPN = \angle FQN$。

综上所述，根据 $PE=QF$，$NP=NQ$，$\angle EPN = \angle FQN$，得出：$\triangle PEN \cong \triangle QFN$。从而 $NE = NF$，所以 $MN \perp BC$。

说明　在思路 1 的探证中，我们定位于证明：$NB = NC$，但是找不到（也不易构造）两个全等三角形，而 NB 与 NC 是它们的一对对应边。因此，另辟蹊径，转而寻求思路 2 的方案。

在思路 2 的探证中，有两点是关键：一是将解题思路由直接证明 $MN \perp BC$ 转化为证明 $NE = NF$；二是通过证明 $\triangle PEN \cong \triangle QFN$ 来获知 $NE = NF$。

例 9　如图（1）所示，在 Rt△ABC 中，$\angle BAC = 90°$，$AB = AC$，点 D 是射线 BC 上一动点，连接 AD，在 AD 右侧以 AD 为一边作等腰直角三角形 $\triangle ADE$，$\angle DAE = 90°$，点 F 在 DE 上，连 AF、BF，若 $FB = FE$，$\angle ADC = 30°$，试判断 $\triangle ABF$ 的形状，并证明。

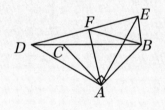

图（1）

思路分析

由于 AF 是等腰 Rt△ADE 斜边上一点与直角顶点的连线，所以如果点 F 是 DE 的中点，则 AF 就是 DE 的一半。

如果 $\triangle ABF$ 是等腰三角形，则应该有 $AF = BF$，那么 BF 也就是 DE 的一半，于是我们就要探求是否有 $BE \perp BD$？

考虑到 $\triangle ABC$ 是等腰直角三角形，所以需要研究 $\angle ABE$ 是否等于 $135°$？而当我们发现 $\angle ACD$ 就等于 $135°$ 时，后续的探求思路似乎就逐步明晰了。

第1步　证明：$BE \perp BD$ 并且点 F 是 BE 的中点。

观察 $\triangle ABE$ 与 $\triangle ACD$，

由于 $\triangle ABC$ 与 $\triangle ADE$ 都是等腰直角三角形，因此有：

（1） $AB = AC$ ；

（2） $AE = AD$ ；

（3） $\angle BAE = 90° - \angle CAE$ 、 $\angle CAD = 90° - \angle CAE$ ，故有： $\angle BAE = \angle CAD$ 。

所以 $\triangle BAE \cong \triangle CAD$ 。

从而 $\angle ABE = \angle ACD = 135°$ ，

于是 $\angle DBE = 135° - 45° = 90°$ ，即 $BE \perp BD$ 。

又由题设条件： $FB = FE$ ，可知 $\triangle FBE$ 是等腰三角形，由顶点 F 作底边 BE 上的高，则此高也是底边上的中线，因此点 F 是 DE 的中点。

这样 AF 与 BF 分别是等腰直角三角形 ADE 与 $Rt\triangle DBE$ 斜边上的中线，故 $AF = BF = \dfrac{1}{2} DE$ 。

所以 $\triangle ABF$ 是以点 F 为顶点的等腰三角形。

在获得这个初步结论后，我们有可能误以为这是终极结论。这时，只要发现条件 $\angle ABC = 30°$ 还没有发挥作用，就会知道我们还未将探索进行到底。

第2步 对 $\triangle ABF$ 形状的进一步判断。

比一般的等腰三角形更特殊的三角形无非就两个：一个是等腰直角三角形，另一个是等边三角形，这就要我们来探求顶角 $\angle AFB$ 或者是底角 $\angle BAF$ （或 $\angle ABF$ ）的度数。

思路1 探求顶角是否等于 $60°$ ？

考虑到题设条件 $\angle ADC = 30°$ ，以及等腰直角三角形 $\triangle ADE$ ，所以 $\angle BDE = 45° - 30° = 15°$ 。又由于 $BF = DF$ ，所以 $\angle BFE = \angle BDF + \angle DBF = 2\angle BDF = 30°$ ，于是 $\angle AFB = 90° - 30° = 60°$ 。

这样就进一步确定了 $\triangle ABF$ 是等边三角形。

思路2 探求底角是否等于 $60°$ ？

由于 $\angle ACB = \angle ADB + \angle CAD$ ，所以 $45° = 30° + \angle CAD$ ，故 $\angle CAD = 15°$ 。

又因为点 F 是等腰直角三角形 DAE 斜边 DE 的中点，所以 $AF \perp DE$ 且 $AF = DF$，故 $\triangle ADF$ 也是等腰直角三角形。因此，$\angle BAF = 90° + \angle CAD - \angle DAF = 90° + 15° - 45° = 60°$。

于是可以确定 $\triangle ABF$ 是等边三角形。

说明　　从以上解题过程看：本例求解的关键是发现了 $BE \perp BD$，而这个结论是通过 $\triangle ABE \cong \triangle ACD$ 获得的。因此，在判定 $\triangle ABF$ 形状为等边三角形的过程中，起到突破作用的就是证明了 $\triangle ABE \cong \triangle ACD$。

二、相似三角形及其应用

例1

如图（1）所示，四边形 $ABCD$ 是梯形，点 E 是上底边 AD 上一动点，CE 的延长线与 BA 的延长线交于点 F，过点 E 作 BA 的平行线与 CD 的延长线交于点 M，BM 与 AD 交于点 N，证明：$\angle AFN = \angle DME$。

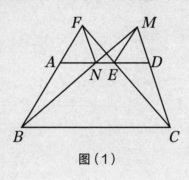

图（1）

思路分析

在原有图形中，题设条件与要证明的结论之间的联系不易被发现并且"打通"。因此，我们可以在添加辅助线方面进行探索与尝试。

思路1 ▶ 在图（2）中，延长 BA 与 CD，设其交点为 R，再延长 FN 与 ME，设其交点为 G。

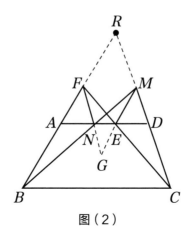

图（2）

由 $ME//BA$ 可知，四边形 $FGMR$ 的一对对边 $FR//GM$。

又因为要证明 $\angle AFN = \angle DME$，考虑到 $\angle AFN = \angle G$，故也要有：$\angle G = \angle DME$，即要有：$FG//RM$。

因此要证明：四边形 $FGMR$ 是平行四边形。

而思路 1 无法找到满足"平行四边形判定理"的条件，故思路 1 需要调整。

思路 2 在图（3）中，设 BM 与 CF 交于 P，FN 与 ME 延长线交于 G，于是由 $ME//BF$，所以 $\angle AFN = \angle G$。

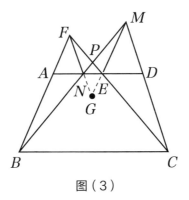

图（3）

要证：$\angle AFN = \angle DME$，即证 $\angle DME = \angle G$，即证：$FG//CM$。

进而要证：$\angle NFP = \angle PCM$。

于是要证：$\triangle FPN \backsim \triangle CPM$。

由于 $\angle FPN = \angle CPM$，故只要证明：$\dfrac{PN}{PM} = \dfrac{PF}{PC}$。

即证：$PN \cdot PC = PF \cdot PM$。　　　　　　　　　　　　　　　　　*

由于四边形 $ABCD$ 是梯形，所以 $AD//BC$。

故 $\dfrac{PN}{PB} = \dfrac{PE}{PC}$。

因此 $PN \cdot PC = PB \cdot PE$。　　　　　　　　　　　　　　　　　（1）

再由于 $ME//BF$，所以 $\triangle MEP \backsim \triangle BFP$。

故 $\dfrac{PE}{PF} = \dfrac{PM}{PB}$。因此 $PB \cdot PE = PF \cdot PM$。　　　　　　　　　（2）

于是由（1）、（2）得式 * 成立。因此，要证明的结论成立。

　　在完成了思路2的分析之后，我们再来研究思路1，可以发现：将思路2中关于"$FG//CM$"的证明移植到思路1之中，则思路1就顺畅了！

例2　　如图（1）所示，在 $\triangle ABC$ 中，D、E 分别是 BC、AB 边上的点，且 $\angle 1 = \angle 2 = \angle 3$，如果 $\triangle ABC$、$\triangle EBD$、$\triangle ADC$ 的周长依次为 m、m_1、m_2，求证：$\dfrac{m_1 + m_2}{m} \leqslant \dfrac{5}{4}$。

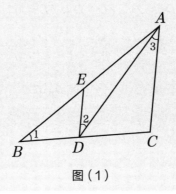

图（1）

思路1　考虑 $\triangle ABC$、$\triangle EBD$、$\triangle ADC$ 周长的组成，可以发现：

m 与 m_1 有公共部分：BD 与 BE；

m 与 m_2 有公共部分：DC 与 AC。

设 $\triangle ABC$ 的三角 $\angle BAC$、$\angle B$、$\angle C$ 的对边长分别为：a、b、c，

则 $\dfrac{m_1 + m_2}{m} = \dfrac{BD + BE + DE + DC + AC + AD}{a + b + c}$

$= \dfrac{(BD + DC) + AC + (AB - AE) + DE + AD}{a + b + c} = \dfrac{a + b + c + DE + AD - AE}{a + b + c}$

$= 1 + \dfrac{DE + AD - AE}{a + b + c}$

这样 $\dfrac{m_1 + m_2}{m} \leqslant \dfrac{5}{4}$，就可转化为：$\dfrac{DE + AD - AE}{a + b + c} \leqslant \dfrac{1}{4}$。

接下来证明过程如何推进下去呢？这样的思路，似乎将问题变得更复杂了。因此，我们应该另辟蹊径。想想是否有更简洁的思路呢。

思路2 ▶ 由于 $\dfrac{m_1 + m_2}{m} = \dfrac{m_1}{m} + \dfrac{m_2}{m}$ 是 $\triangle EBD$ 的周长与 $\triangle ABC$ 的周长之比和 $\triangle ADC$ 的周长与 $\triangle ABC$ 周长之比的和。

因为 $\angle 2 = \angle 3$，所以 $DE /\!/ AC$、$\triangle EBD \backsim \triangle ABC$。

又因为 $\angle 1 = \angle 3$、$\angle ACB = \angle DCA$，所以 $\triangle DAC \backsim \triangle ABC$。

设其相似比为 λ，则 $DE = \lambda b$，$BD = \lambda a$，$BE = \lambda c$。

由于 $\triangle DAC \backsim \triangle ABC$，故 $\dfrac{AD}{BA} = \dfrac{AC}{BC}$，即 $\dfrac{AD}{c} = \dfrac{b}{a}$，

故 $AD = \dfrac{bc}{a}$，所以 $\triangle DAC$ 与 $\triangle ABC$ 的相似比为：$\dfrac{AD}{AB} = \dfrac{b}{a}$。

并且有 $\dfrac{DC}{AC} = \dfrac{b}{a}$，故 $DC = \dfrac{b^2}{a}$。

又因为 $DC = a - BD = a - \lambda a$，

所以 $a - \lambda a = \dfrac{b^2}{a}$，$1 - \lambda = \dfrac{b^2}{a^2}$，$\lambda = 1 - \dfrac{b^2}{a^2}$。

从而有：$\dfrac{m_1}{m} + \dfrac{m_2}{m}$

$= \lambda + \dfrac{b}{a} = 1 - \dfrac{b^2}{a^2} + \dfrac{b}{a}$

$= 1 - \left(\dfrac{b^2}{a^2} - \dfrac{b}{a} \right) = \dfrac{5}{4} - \left(\dfrac{b^2}{a^2} - \dfrac{b}{a} + \dfrac{1}{4} \right)$

$= \dfrac{5}{4} - \left(\dfrac{b}{a} - \dfrac{1}{2} \right)^2 \leqslant \dfrac{5}{4}$。

至此，问题得到顺利解决。

同时我们也能得到 $\dfrac{m_1+m_2}{m} \leqslant \dfrac{5}{4}$ 中等号成立的条件是：$a=2b$。

说明 对比以上问题探求的两种思路，显然思路 2 比较通畅，利用相似三角形的周长比就是其相似比，其过程也比较简洁自然。而虽然思路 1 的解题过程较复杂，但如果有足够的时间，理解题设条件的作用，还是可以在思路 1 的基础上，完成证题的过程的。

下面探讨思路 1 的后续过程：能否利用题设条件，将涉及的 3 条线段 DE、AD、AE 分别用 a、b、c 来表示呢？

由于 $\angle 2=\angle 3$，所以 $DE\,/\!/\,AC$，从而有：$\triangle BDE\backsim\triangle BCA$。

故 $\dfrac{BD}{BC}=\dfrac{DE}{AC}=\dfrac{BE}{AB}$，即 $\dfrac{BD}{a}=\dfrac{DE}{b}=\dfrac{BE}{c}$。

又因为 $\angle 1=\angle 3$，$\angle BCA=\angle ACD$，所以 $\triangle ACD\backsim\triangle BCA$。

故 $\dfrac{AD}{c}=\dfrac{DC}{b}=\dfrac{b}{a}$，所以 $AD=\dfrac{bc}{a}$，$DC=\dfrac{b^2}{a}$。

又因为 $BD=a-DC=\dfrac{a^2-b^2}{a}$，进而 $DE=\dfrac{(a^2-b^2)b}{a^2}$，$BE=\dfrac{(a^2-b^2)c}{a^2}$，$AE=$

$c-BE=c-\dfrac{(a^2-b^2)c}{a^2}=\dfrac{b^2c}{a^2}$

因此 $\begin{cases} DE=\dfrac{(a^2-b^2)b}{a^2} \\[2mm] AD=\dfrac{bc}{a} \\[2mm] AE=\dfrac{b^2c}{a^2} \end{cases}$，

从而有：$\dfrac{DE+AD-AE}{a+b+c}=\dfrac{\dfrac{(a^2-b^2)b}{a^2}+\dfrac{bc}{a}-\dfrac{b^2c}{a^2}}{a+b+c}$

$$= \frac{(a^2 - b^2)b + abc - b^2 c}{a^2(a+b+c)} = \frac{b(a^2 - b^2 + ac - bc)}{a^2(a+b+c)}$$

$$= \frac{b(a-b)(a+b+c)}{a^2(a+b+c)} = \frac{b(a-b)}{a^2} \circ$$

于是只要证明：$\dfrac{b(a-b)}{a^2} \leqslant \dfrac{1}{4}$，即证：$ab - b^2 \leqslant \dfrac{1}{4}a^2$。

而 $\dfrac{1}{4}a^2 - ab + b^2 = \left(\dfrac{1}{2}a - b\right)^2 \geqslant 0$。

故上式成立。即要证明的结论成立。

例 3 在 $\triangle ABC$ 中，$\angle A : \angle B : \angle C = 1 : 2 : 4$。证明：$\dfrac{1}{AB} + \dfrac{1}{AC} = \dfrac{1}{BC}$。

思路 1 由条件 $\angle A : \angle B : \angle C = 1 : 2 : 4$ 可得：

$\angle A = \dfrac{180°}{7}, \angle B = \dfrac{2 \times 180°}{7}, \angle C = \dfrac{4 \times 180°}{7}$。而这里，虽然知道了这个三角形各

内角的度数，但对广大的初中生而言还无法求解，因此，需要寻找新方法。

思路 2 考虑到 $\angle ABC = 2\angle A$，$\angle ACB = 2\angle ABC$。

如图（1）所示，作 $\angle ACB$ 的平分线 CD 交 AB 于 D，作 $\angle ABC$ 的平分线 BE 交 AC 于 E。CD 与 BE 相交于 O。

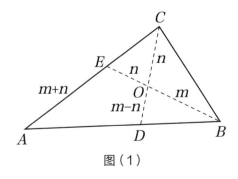

图（1）

步骤 1 设 $\angle A = \theta$，则 $\angle B = 2\theta$，$\angle C = 4\theta$。

于是 $\angle ABE = \angle CBE = \theta$，

$\angle BCD = \angle ACD = 2\theta$。

这样 $\angle BDO = \angle BOD = 3\theta$，$\angle OEC = \angle OCE = 2\theta$。

所以在图（1）中的 $\triangle BDO$、$\triangle OEC$、$\triangle ABE$、$\triangle DBC$ 均为等腰三角形，所以，设 $BO = m$，$OE = n$，则 $BD = m$，$OC = n$，$AE = m + n$，$CD = m$，从而 $OD = CD - OC = m - n$。

在 $\triangle BCD$ 中，由于 BO 是 $\angle ABC$ 的角平分线，所以由角平分线定理得：$\dfrac{BC}{m} = \dfrac{n}{m-n}$，故 $BC = \dfrac{mn}{m-n}$；

在 $\triangle BCE$ 中，由于 CD 是 $\angle ACB$ 的角平分线，从而有 $\dfrac{CE}{BC} = \dfrac{n}{m}$，故 $CE = \dfrac{n}{m} \cdot \dfrac{mn}{m-n} = \dfrac{n^2}{m-n}$；

在 $\triangle ABC$ 中，由于 CD 是 $\angle ACB$ 的角平分线，从而有 $\dfrac{AD}{BD} = \dfrac{AC}{BC}$。

由于 $BD = m$，$AC = m + n + \dfrac{n^2}{m-n} = \dfrac{m^2}{m-n}$，$BC = \dfrac{mn}{m-n}$，

所以 $AD = \dfrac{m^2}{m-n} \times \dfrac{m-n}{mn} \times m = \dfrac{m^2}{n}$，

故 $AB = AD + BD = \dfrac{m^2}{n} + m = \dfrac{m(m+n)}{n}$，

这样我们就用 m、n 表示了 $\triangle ABC$ 的三边长。

于是 $\dfrac{1}{AB} + \dfrac{1}{AC} = \dfrac{n}{m(m+n)} + \dfrac{m-n}{m^2} = \dfrac{mn + m^2 - n^2}{m^2(m+n)}$。

又由于 $\dfrac{1}{BC} = \dfrac{m-n}{mn}$，

从而需要有 $\dfrac{mn + m^2 - n^2}{m^2(m+n)} = \dfrac{m-n}{mn}$，即 $\dfrac{mn + m^2 - n^2}{m(m+n)} = \dfrac{m-n}{n}$，

整理得：$mn^2 + m^2 n - n^3 = m^3 - mn^2$，即 $m^3 + n^3 = 2mn^2 + m^2 n$。

而该式是否成立？

仅仅依靠角平分线定理无法继续推证下去了！

那么，我们应该如何转换思路，将问题继续下推证下去呢？于是有了以下的思路 3。

 步骤2 在思路 2 的基础上，我们还发现了在图（1）中，还有 4 个三角形：$\triangle BOC$、$\triangle ADC$、$\triangle BCE$ 与 $\triangle ACB$ 是两两相似的。

我们利用 $\triangle BOC \backsim \triangle BCE$ 可得：$\dfrac{BC}{BE} = \dfrac{BO}{BC}$。

由于 $BC = \dfrac{nm}{m-n}$，$BE = m+n$，$BO = m$，

所以 $BC^2 = \dfrac{m^2 n^2}{(m-n)^2} = (m+n)m$

化简得：$m^3 + n^3 = 2mn^2 + m^2 n$

对接思路 2 中的成果，可知要证的结论成立。

说明　由步骤 1 与步骤 2 相结合，问题终于求证了。但是过程相对复杂。

由于推算的结论众多，边长之间相互的关系如何被有效地运用，需要不断地尝试探索。所以，这个思路并非是一个简捷的解决方案。那么，简捷的解决方案又将是怎样的呢？

思路3 相对于图（1）中辅助线的作法，是否还有优化的辅助线呢？刚才我们利用的是 $4\theta = 2\theta + 2\theta$，我们是否也可以考虑 $4\theta = \theta + 3\theta$ 呢？

如图（2）所示，作 $\angle ACD = \angle A = \theta$，再作 $\angle ABC$ 的平分线 BF，它与 CD 相交于 F，则 $\angle CBF = \angle DBF = \theta$。

从而 $\angle BDF = 2\theta = \angle ABC$。

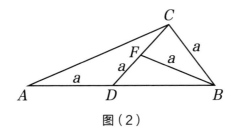

图（2）

设 $\angle A$、$\angle ABC$、$\angle ACB$ 的对边长分别为 a、b、c，

则 $AD = CD = BF = BC = a$。

因为 $\angle DBF = \angle A$，$\angle BDF = \angle ABC$

故 $\triangle ABC \backsim \triangle BDF$。

从而有：$\dfrac{BF}{AC} = \dfrac{BD}{AB}$，故 $\dfrac{a}{b} = \dfrac{AB - a}{AB} = \dfrac{c - a}{c}$。

即 $\dfrac{a}{b} + \dfrac{a}{c} = 1$。

于是 $\dfrac{1}{b} + \dfrac{1}{c} = \dfrac{1}{a}$，即要证明的结论成立。

 说明 相对于思路 2 中的解决方案，这里的证明过程明显简洁得多。因此，在几何题的求解中，辅助线的作法尤其重要。

 例 4 如图（1）所示，在梯形 $ABCD$ 的底边上任取一点 M，过 M 作 $MK /\!/ BD$，$MN /\!/ AC$，分别交 AD、BC 于 K、N，连 NK 与 AC 交于点 P，与 BD 交于点 Q。求证：$KP = QN$。

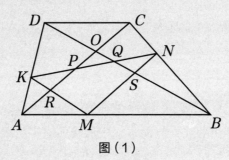

图（1）

思路 1 设 MK 与 AC 交于点 R，MN 与 BD 交于点 S。由题设条件 $MK /\!/ BD$ 与 $MN /\!/ AC$ 可知：$\triangle KPR \backsim \triangle QNS$。再考虑到要证明的结论：$KP = QN$，进而必定有：$\triangle KPR \cong \triangle QNS$。

因此，我们可以从证明这两个三角形全等入手，来得到结论成立。

但是这里很难获得：$KR = QS$ 或者是 $PR = NS$。

所以想要证明 $\triangle KPR \cong \triangle QNS$ 并不容易。

思路 2 由于在题设条件中有 3 对平行线：$AB /\!/ CD$、$MK /\!/ BD$ 与 $MN /\!/ AC$，所以我们可以从平行线分线段成比例的角度来探究问题。

由于 $MN /\!/ AC$，所以 $\dfrac{KP}{PN} = \dfrac{KR}{RM}$。 （1）

又由于 $MK /\!/ BD$，所以 $\dfrac{KR}{DO} = \dfrac{AR}{AO} = \dfrac{RM}{OB}$，即 $\dfrac{KR}{DO} = \dfrac{RM}{OB}$，故有：

$\dfrac{KR}{RM} = \dfrac{DO}{OB}$。 （2），

有（1）与（2）可得：$\dfrac{KP}{PN} = \dfrac{DO}{OB}$。 （3）

同理有：$\dfrac{NQ}{QK} = \dfrac{CO}{OA}$。 （4）

因为梯形 $ABCD$ 的对角线 AC 与 BD 相交于点 O，并且 $AB /\!/ CD$。

所以 $\triangle AOB \backsim \triangle COD$。

因此，$\dfrac{DO}{OB} = \dfrac{CO}{OA}$。

再由（3）与（4）可得：$\dfrac{KP}{PN} = \dfrac{NQ}{QK}$。

进而有：$\dfrac{KP}{KP + PN} = \dfrac{NQ}{NQ + QK}$，

即 $\dfrac{KP}{KN} = \dfrac{NQ}{KN}$，于是 $KP = NQ$。

> **说明**　如果在求证问题的题设条件中，具有平行线，则往往要考虑它能得到哪些有用的结果，而本例中涉及多对平行线，那么它们的综合利用必定是问题探证的关键点。

例 5　如图（1）所示，以锐角 $\triangle ABC$ 的边 AC、BC 为底边，分别向外侧作顶角互补的两个等腰三角形 $\triangle ADC$ 与 $\triangle BEC$，M 为 AB 的中点，连接 DM、EM，试证明：$\dfrac{BC}{AC} = \dfrac{DM}{EM} \cdot \dfrac{EC}{DC}$。

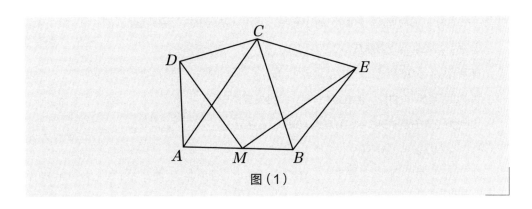

图（1）

思路1 ▶ 要证明结论成立，就要探求：$\dfrac{DM}{EM}$ 与 $\dfrac{EC}{DC}$ 和 AC、BC 的关系。

于是连接 DE 之后，就联想到是否有：$\triangle ACB \backsim \triangle DME$ 呢？

如果这两个三角形相似，那么就必定有：$\angle ACB = \angle DME$，

并且 $AB:DE$ 就是相似比。

但是，这两个结论均无法求证。因此，"思路1"无法继续展开，

这就需要寻找或者是构造新的相似三角形。

思路2 ▶ 根据题设条件，构造两个相似三角形，DM 与 EM 是它们的一对对应边，而 AC 与 BC 的比又是这两个相似三角形的相似比。

在图（2）中，考虑到 $\triangle ACD$ 和 $\triangle BEC$ 均为等腰三角形，取 AC 中点 G、BC 中点 H，再连 DG、MG、EH、MH。因为 $\triangle ACD$、$\triangle BEC$ 均为等腰三角形，并且 AC、BC 分别是它们的底边，故 $DG \perp AC$，$EH \perp BC$；又由于点 M 是 AB 的

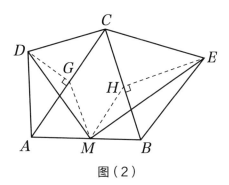

图（2）

中点，故 GM、HM 都是 $\triangle ABC$ 的中位线，所以 $GM /\!/ BC$，$HM /\!/ AC$。

观察 $\triangle GDM$ 与 $\triangle HME$。

（1）探究 $\angle DGM$ 与 $\angle MHE$ 是否相等。

因为 $\angle DGM = 90° + \angle AGM = 90° + \angle ACB$，

又因为 $\angle MHE = 90° + \angle MHB = 90° + \angle ACB$；

所以 $\angle DGM = \angle MHE$。

（2）由于两个等腰三角形 $\triangle ADC$ 与 $\triangle BEC$ 的顶角互补，所以顶角的半角互余，进而有 $\text{Rt}\triangle DGC \backsim \text{Rt}\triangle CHE$，故 $\dfrac{DG}{CH} = \dfrac{CG}{EH}$。

又因为 $HM = \dfrac{1}{2}AC = CG$、$GM = \dfrac{1}{2}BC = CH$，所以 $\dfrac{DG}{GM} = \dfrac{HM}{EH}$，即 $\dfrac{DG}{HM} = \dfrac{GM}{EH}$。

综上（1）与（2）知：$\triangle GDM \backsim \triangle HME$，进而有 $\dfrac{DM}{EM} = \dfrac{DG}{HM} = \dfrac{DG}{\frac{1}{2}AC}$ （ * ）。

因为 $\text{Rt}\triangle CGD \backsim \text{Rt}\triangle EHC$，故 $\dfrac{DC}{EC} = \dfrac{DG}{CH} = \dfrac{DG}{\frac{1}{2}BC}$ （ * * ）

（ * ）与（ * * ）两式相除得：$\dfrac{DM}{EM} \cdot \dfrac{EC}{DC} = \dfrac{BC}{AC}$。

即要证明的结论成立。

例 6 　　如图（1）所示，在 $\triangle ABC$ 中，AD 是边 BC 边上的中线，O 是 AD 上的一点，BO、CO 的延长线交 AC、AB 于点 E、F，求证：$EF /\!/ BC$。

思路1 由于要证明：$EF /\!/ BC$，故一定有 $\triangle BOC \backsim \triangle EOF$。但是对于这两个三角形而言，它们除了一对对顶角相等之外，无法求证另外的两对对应角对应相等；也无法求证这对对顶角的两边对应成比例。究其原因是：AD 是 BC 边上的中线在此种情况下无法发挥作用。

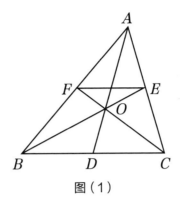

图（1）

思路2 考虑题设条件：*AD* 是 *BC* 边上的中线，所以点 *D* 是 *BC* 的中点，再根据 *OD* 是 △*OBC* 在 *BC* 边的中线来探寻证题的思路。

如图（2）所示，延长 *OD* 到 *G*，使得 *OD* = *DG*。再连接 *BG* 与 *CG*。

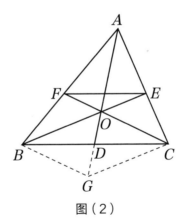

图（2）

观察 △*BGC* 与 △*EOF*，它们是否相似呢？

（1）由于 *OD* = *DG* 且 *BD* = *DC*，即 *BC* 与 *OG* 互相平分，所以四边形 *BOCG* 是平行四边形。故 *CF*//*BG* 且 *BE*//*CG*，从而有：$\dfrac{OF}{BG} = \dfrac{AO}{AG}$ 且 $\dfrac{OE}{CG} = \dfrac{AO}{AG}$。

因此，$\dfrac{OF}{GB} = \dfrac{OE}{GC}$。

（2）由于四边形 *BOCG* 是平行四边形，故 ∠*BGC* = ∠*BOC*。而 ∠*BOC* = ∠*EOF*，所以 ∠*BGC* = ∠*EOF*。

综合以上（1）与（2）可知：$\triangle BGC \backsim \triangle FOE$，

这样就有：$\angle EFO = \angle CBG$。

又因为 $CF /\!/ DG$，故 $\angle CBG = \angle BCO$。

于是 $\angle EFC = \angle BCO$。

故 $EF /\!/ BC$。

说明　　在上述求证过程中，AD 是 BC 边上的中线发挥了重要作用，但是它的有效利用并不是简单直接的应用，而是通过中线（此中线已转化为 BC 边上的中线 OD）倍长来完成的。

例 7　　如图（1）所示，在梯形 $ABCD$ 中，$AD = a$，$BC = b$，E、F 分别是 AD、BC 上的点，且满足 $\dfrac{AE}{ED} = \dfrac{BF}{FC}$，设 AF 与 BE 交点为 P，CE 与 DF 交点为 Q，求 PQ。

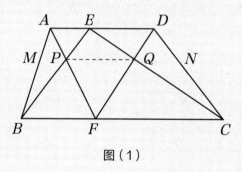

图（1）

思路分析

从题设条件 $AD = a$，$BC = b$ 可以看出，所求 PQ 的长一定是 a，b 的代数式。那么，如何才能求出这个代数式呢？是从 $\triangle BCE$ 中考虑 PQ 与 BC 的比值？还是从 $\triangle ADF$ 中考虑 PQ 与 AD 的比值？当我们获得这两个比值后，离求出 PQ 也就不远了。

如果能求证 $PQ /\!/ BC$（同时也有 $PQ /\!/ AD$），那么这两个比值就能比较顺利获得。

第1步 证明：$PQ//BC$

因为 $\dfrac{AE}{ED}=\dfrac{BF}{FC}$，所以 $\dfrac{AE}{BF}=\dfrac{ED}{FC}$（设其比值为 λ）。又因为 $AE//BF$，所以

$\triangle APE \backsim \triangle FPB$，故 $\dfrac{EP}{PB}=\dfrac{AE}{BF}=\lambda$，同时也有：$\dfrac{EQ}{QC}=\dfrac{ED}{FC}=\lambda$。于是 $\dfrac{EP}{PB}=\dfrac{EQ}{QC}$，

故 $PQ//BC$。

进而有：$\dfrac{PQ}{BC}=\dfrac{EP}{EB}$。又因为 $BC=b$，

所以 $\dfrac{PQ}{b}=\dfrac{EP}{EB}$。 　　　　（1）

但是由于 $\dfrac{EP}{EB}$ 的值不易用 a、b 的代数式来表示，因此这里就不易再进行下去，怎么办呢?

第2步 仅仅在 $\triangle EBC$ 中利用 $PQ//BC$，不能求出 PQ，那么我们还可以在 $\triangle FAD$ 中来继续探究。

由于 $AD//BC$，$PQ//BC$，故 $PQ//AD$。

于是 $\dfrac{PQ}{AD}=\dfrac{FP}{FA}$。又因为 $AD=a$，

所以 $\dfrac{PQ}{a}=\dfrac{FP}{FA}$ 　　　　（2）

观察 $\dfrac{EP}{EB}$ 与 $\dfrac{FP}{FA}$ 之间的关系，它成为了本例获解的关键。

考虑到：$\triangle AEP \backsim \triangle FPB$，从而有：$\dfrac{EP}{PB}=\dfrac{AP}{PF}$。

故有：$\dfrac{EP}{PB+EP}=\dfrac{AP}{PF+AP}$，即有：$\dfrac{EP}{EB}=\dfrac{AP}{FA}$，

于是我们发现：$\dfrac{EP}{EB}+\dfrac{FP}{FA}=\dfrac{AP}{FA}+\dfrac{FP}{FA}=\dfrac{AP+FP}{FA}=\dfrac{FA}{FA}=1$。

这样由（1）+（2）得：$\dfrac{PQ}{b}+\dfrac{PQ}{a}=1$。

所以 $PQ \cdot \dfrac{a+b}{ab}=1$，故 $PQ=\dfrac{ab}{a+b}$。

说明　　在以上探求的过程中，我们可以体会到，问题的解决，往往是依靠题设条件的综合作用。而本例就是一个很好的范例。

　　在本例中，还可以进行以下的延伸研究；如图（2）所示，若延长 PQ，设它与 AB、CD 分别交于 M、N。那么 MN 的长是多少呢？通过探究可以发现：$MN = 2PQ = \dfrac{2ab}{a+b}$。

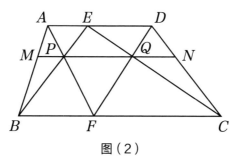

图（2）

例 8　　如图（1）所示，$\triangle ABC$ 和 $A'B'C'$ 是两个全等的等边三角形，六边形 $DEFGHI$ 的边长分别为：$DE = m_1$，$EF = n_1$，$FG = m_2$，$GH = n_2$，$HI = m_3$，$ID = n_3$，试求证：$m_1^2 + m_2^2 + m_3^2 = n_1^2 + n_2^2 + n_3^2$。

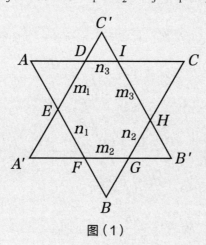

图（1）

思路分析

由于 $\triangle ABC$ 和 $A'B'C'$ 均为等边三角形，所以 $\angle A$、$\angle A'$、$\angle B$、$\angle B'$、$\angle C$、$\angle C'$ 均为 $60°$。

再加上 6 个三角形：$\triangle ADE$、$\triangle A'EF$、$\triangle BFG$、$\triangle B'GH$、$\triangle CHI$ 与 $\triangle C'ID$，它们中任何相邻的两个三角形均有一对对顶角，故这 6 个三角形均相似，从而它们的相似比就是对应的相关边长之比。

例如：$\triangle ADE \backsim \triangle A'FE$、$\triangle BFG \backsim \triangle B'HG$、$\triangle CHI \backsim \triangle C'DI$，则它们相似比分别为：$\dfrac{m_1}{n_1}$、$\dfrac{m_2}{n_2}$、$\dfrac{m_3}{n_3}$，再考虑到要证的等式中，涉及 m_i^2 与 $n_i^2 (i=1,2,3)$。因此，要证的等式也就可以转化为探求与相似比的平方有关的问题。

思路 1 ▶ 根据相似三角形的面积比就是相似比的平方，从而可得含 m_i^2 与 $n_i^2 (i=1,2,3)$ 的关系式。通过关系式的变形得到要证的结论。

◀**第 1 步**▶ 设 $S_{\triangle ADE}=s_1$，$S_{\triangle A'FE}=s_1'$，$S_{\triangle BFG}=s_2$，$S_{\triangle B'HG}=s_2'$，$S_{\triangle CHI}=s_3$，$S_{\triangle C'DI}=s_3'$，则：$\dfrac{m_1^2}{n_1^2}=\dfrac{s_1}{s_1'}$、$\dfrac{m_2^2}{n_2^2}=\dfrac{s_2}{s_2'}$、$\dfrac{m_3^2}{n_3^2}=\dfrac{s_3}{s_3'}$。

由于这些相似三角形的相似比未必都相等。因此，以上面积比也未必相等。故这里的推证不好再展开……

◀**第 2 步**▶ 在第 1 步中，无法将结论证明的原因是没有充分考虑：6 个相似三角形，它们中任何两个三角形相似比的平方均等于它们的面积比，即有 $\dfrac{m_i^2}{n_j^2}=\dfrac{s_i}{s_j'}$ $\begin{pmatrix} i=1,2,3 \\ j=1,2,3 \end{pmatrix}$。

下面我们采用分析法来证明本例的结论：

要证明：$m_1^2+m_2^2+m_3^2=n_1^2+n_2^2+n_3^2$，

就要证：$\dfrac{m_1^2+m_2^2+m_3^2}{n_1^2+n_2^2+n_3^2}=1$，

即证：$\dfrac{m_1^2}{n_1^2+n_2^2+n_3^2}+\dfrac{m_2^2}{n_1^2+n_2^2+n_3^2}+\dfrac{m_3^2}{n_1^2+n_2^2+n_3^2}=1$。

只要证：$\dfrac{1}{\dfrac{n_1^2}{m_1^2}+\dfrac{n_2^2}{m_1^2}+\dfrac{n_3^2}{m_1^2}}+\dfrac{1}{\dfrac{n_1^2}{m_2^2}+\dfrac{n_2^2}{m_2^2}+\dfrac{n_3^2}{m_2^2}}+\dfrac{1}{\dfrac{n_1^2}{m_3^2}+\dfrac{n_2^2}{m_3^2}+\dfrac{n_3^2}{m_3^2}}=1$ ，

于是要证明：$\dfrac{1}{\dfrac{s_1'}{s_1}+\dfrac{s_2'}{s_1}+\dfrac{s_3'}{s_1}}+\dfrac{1}{\dfrac{s_1'}{s_2}+\dfrac{s_2'}{s_2}+\dfrac{s_3'}{s_2}}+\dfrac{1}{\dfrac{s_1'}{s_3}+\dfrac{s_2'}{s_3}+\dfrac{s_3'}{s_3}}=1$ 。

只要证：$\dfrac{s_1}{s_1'+s_2'+s_3'}+\dfrac{s_2}{s_1'+s_2'+s_3'}+\dfrac{s_3}{s_1'+s_2'+s_3'}=1$ ，

即证：$\dfrac{s_1+s_2+s_3}{s_1'+s_2'+s_3'}=1$ 。

于是只要证：$s_1+s_2+s_3=s_1'+s_2'+s_3'$ ，　　　　（＊）

而上式 左边 $=S_{\triangle ABC}-S_{\text{六边形}DEFGHI}$ ，

右边 $=S_{\triangle A'B'C'}-S_{\text{六边形}DEFGHI}$ 。

由于 $\triangle ABC$ 与 $\triangle A'B'C'$ 全等，故（＊）成立。

从而证明了：$m_1^2+m_2^2+m_3^2=n_1^2+n_2^2+n_3^2$ 。

思路2 ▶ 6 个相似三角形，它们对应边与对应边上的高之比全部相等。设边 m_i 对应的高为 h_i ，边 n_i 对应的高为 h_i' $(i=1,2,3)$ ，则我们有：

$$\dfrac{h_1}{m_1}=\dfrac{h_2}{m_2}=\dfrac{h_3}{m_3}=\dfrac{h_1'}{n_1}=\dfrac{h_2'}{n_2}=\dfrac{h_3'}{n_3} ,$$

所以有：$\dfrac{\frac{1}{2}m_1h_1}{m_1^2}=\dfrac{\frac{1}{2}m_2h_2}{m_2^2}=\dfrac{\frac{1}{2}m_3h_3}{m_3^2}=\dfrac{\frac{1}{2}n_1h_1'}{n_1^2}=\dfrac{\frac{1}{2}n_2h_2'}{n_2^2}=\dfrac{\frac{1}{2}n_3h_3'}{n_3^2}$ ，

即 $\dfrac{s_1}{m_1^2}=\dfrac{s_2}{m_2^2}=\dfrac{s_3}{m_3^2}=\dfrac{s_1'}{n_1^2}=\dfrac{s_2'}{n_2^2}=\dfrac{s_3'}{m_3^2}$ 。

于是有：$\dfrac{s_1+s_2+s_3}{m_1^2+m_2^2+m_3^2}=\dfrac{s_1'+s_2'+s_3'}{n_1^2+n_2^2+n_3^2}$ 。

由于 $s_1+s_2+s_3=s_1'+s_2'+s_3'$ ，

从而有：$m_1^2+m_2^2+m_3^2=n_1^2+n_2^2+n_3^2$ 。

说明 　两组比值：（1）6 个相似三角形中任何两个（有 15 对相似三角形）相似比的平方与它们的面积比，未必两两都相等；（2）6 个相似三角形，每一个三角形的面积与它们对应边比值的平方都相等。

它们在以上两种证法中，分别发挥了关键作用。

例9 　如图（1）所示，在矩形 $ABCD$ 的边 AB、BC、CD、DA 上分别取异于顶点的点 K、L、M、N，已知 $KL//MN$，证明：KM 与 LN 的交点 O 在矩形的对角线 BD 上。

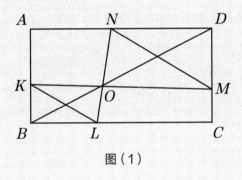

图（1）

思路分析

这里就是要证明：KM、LN 与 BD 三线共点。

可以考虑证明：KM 分线段 BD（或 BD 的某一段）所成的比值，与 LN 分线段 BD（或 BD 的某一段）所成的比值相等。

第1步 （1）如图（2）所示，设 BD 分别与 KL、MN 相交于点 P、Q，又设 KM 与 BD 相交于点 R_1。

探求 $\dfrac{PR_1}{R_1Q}$ 的值：

由于 $KL//MN$，所以 $\triangle KPR_1 \backsim \triangle MQR_1$，于是 $\dfrac{PR_1}{R_1Q} = \dfrac{KP}{MQ}$。

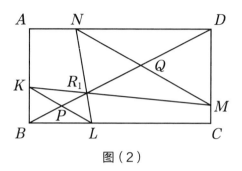

图（2）

（2）如图（3）所示，设 LN 与 BD 相交于点 R_2，探求 $\dfrac{PR_2}{R_2Q}$ 的值。

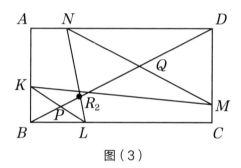

图（3）

由于 $KL /\!/ MN$，所以 $\triangle LPR_2 \backsim \triangle NQR_2$，于是 $\dfrac{PR_2}{R_2Q} = \dfrac{LP}{NQ}$。

（3）如果有：$\dfrac{LP}{NQ} = \dfrac{KP}{MQ}$，则就能推出：$\dfrac{PR_1}{R_1Q} = \dfrac{PR_2}{R_2Q}$，这样就有：点 R_1 与点 R_2 重合。于是三线 KM、LN 与 BD 共点。

那么问题来了，如何证明：$\dfrac{LP}{NQ} = \dfrac{KP}{MQ}$ 呢？

这是本例证明的关键，也是瓶颈。

第2步 怎样突破这个瓶颈呢？

我们需要 $\mathrm{Rt}\triangle KBL \backsim \mathrm{Rt}\triangle MDN$ 来发挥重要的作用。

（1）在图（2）中，在矩形 $ABCD$ 中，有 $BK /\!/ DM$，又由题设条件知：$KP /\!/ MQ$，故 $\triangle BKP \backsim \triangle DMQ$。

所以 $\dfrac{KP}{MQ} = \dfrac{BK}{DM}$。①

（2）在图（3）中，亦有 $\triangle BLP \backsim \triangle DNQ$ 。

所以 $\dfrac{LP}{NQ} = \dfrac{BL}{DN}$ 。　②

（3）观察 $\mathrm{Rt}\triangle KBL$ 与 $\mathrm{Rt}\triangle MDN$ ：

由于 $BC /\!/ AD$ ，故 $\angle BLN = \angle DNL$ ，又因为 $KL /\!/ MN$ ，所以 $\angle KLN = \angle MNL$ 。

从而有：$\angle BLN - \angle KLN = \angle DNL - \angle MNL$ 。

于是有：$\angle BLK = \angle DNM$ 。

所以 $\mathrm{Rt}\triangle KBL \backsim \mathrm{Rt}\triangle MDN$ 。

　　因此，$\dfrac{BK}{DM} = \dfrac{BL}{DN}$ 。　③

最终由①、②、③可得：$\dfrac{LP}{NQ} = \dfrac{KP}{MQ}$ 。

于是 R_1 与 R_2 重合，即 KM 、LN 与 BD 三线共点，要证的结论成立。

（1）本例的证明方法，是三线相交于一点问题求证的常规方法；

（2）从本例的证明过程中，我们可以深刻地感受到：探证就是化归、再化归……，直至能求证正确的结果。充分体现了需求导向：要什么？进而又要什么？一步步地向前推进，最终获证。

三、勾股定理及其运用

例 1
　　如图（1）所示，在正方形 $ABCD$ 旁放置着正方形 $BEFG$。将正方形 $BEFG$ 绕着其顶点 B 逆时针旋转 $\alpha(45° < \alpha < 90°)$ 得到如图（2）所示的图形，若正方形 $ABCD$ 的边长为 a，正方形 $BEFG$ 的边长为 b，试求 $AE^2 + CG^2$ 的值。

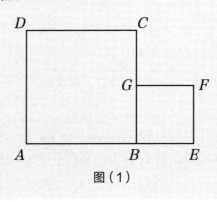

图（1）

思路分析

　　要求 $AE^2 + CG^2$ 的值是什么？那么我们就先来分析一下，这个值会是什么？从题设条件来看，应该是关于 a、b 的一个代数式。而从探求的方法来考虑，应该涉及勾股定理的应用，因此需要构建直角三角形。

第1步 在图（2）中，由点 G 作 BC 的垂线，垂足为 M；再过点 E 作 AB 延长线的垂线，垂足为 N。这样我们就得到了分别以 AE 与 CG 为斜边的两个直角三角形：$Rt\triangle ANE$ 与 $Rt\triangle CMG$。

　　于是，$AE^2 = AN^2 + NE^2$，$CG^2 = GM^2 + MC^2$。

　　这时我们遇到了一个问题：如何用 a、b 来表示它们呢？

　　为了解决这个问题，我们需要研究如何发挥题设条件的作用。

第2步 在图（2）中，再过点 G 作 AB 的垂线，垂足为 H。

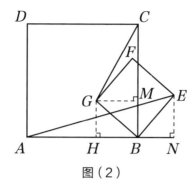

图（2）

观察 Rt$\triangle BNE$ 与 Rt$\triangle GHB$ 。

（1）因为正方形 $BEFG$ 中 $BE = BG$ ， $\angle EBG = 90°$ ，

所以 $\angle EBN + \angle GBH = 90°$ ，从而有： $\angle GBH = \angle BEN$ 。

于是： Rt$\triangle BNE \cong$ Rt$\triangle GHB$ 。

故可设： $GH = BN = m$, $HB = NE = n$ 。

进而有： $BM = m$, $GM = n$ ，并且有： $m^2 + n^2 = BG^2 = b^2$ 。

故 $\begin{cases} AE^2 = AN^2 + NE^2 = (a+m)^2 + n^2 \\ CG^2 = GM^2 + MC^2 = n^2 + (a-m)^2 \end{cases}$

将两式相加并化简： $AE^2 + CG^2 = 2a^2 + 2(m^2 + n^2) = 2(a^2 + b^2)$ 。

说明 本例探究的难点在于：能否发现 Rt$\triangle BNE \cong$ Rt$\triangle GHB$ ，并且它们的斜边是同一正方形的两条边。能够发现这一结论，就能像以上探究那样，最终获得问题的解。

例2 如图（1）所示，若 $AB^2 + CD^2 = BC^2 + AD^2$ ，试证明： $AC \perp BD$ 。

思路1 反过来考虑证明：若 $AC \perp BD$ ，则 $AB^2 + CD^2 = BC^2 + AD^2$ 。看看能否从中获得启发呢？

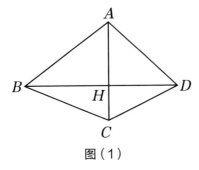

图（1）

在图（1）中，设 AC 与 BD 相交于 H，则图（1）中有 4 个直角三角形：$\text{Rt}\triangle AHB$、$\text{Rt}\triangle BHC$、$\text{Rt}\triangle CHD$ 与 $\text{Rt}\triangle AHD$。

从而有：$AB^2 = AH^2 + BH^2$，$BC^2 = BH^2 + CH^2$，$CD^2 = CH^2 + DH^2$，$AD^2 = AH^2 + DH^2$。

于是就有：$AB^2 + CD^2 = AH^2 + BH^2 + CH^2 + DH^2$，并且

$BC^2 + AD^2 = BH^2 + CH^2 + DH^2 + AH^2$。

因此，$AB^2 + CD^2 = BC^2 + AD^2$。

可是由 $AB^2 + CD^2 = BC^2 + AD^2$ 反过来证明 $AC \perp BC$，就没有现成的 4 个直角三角形，也不能像上面那样，应用勾股定理就能证明结论成立。

那么，我们如何才能够构造出相关的 4 个直角三角形呢？

思路2 如图（2）所示，我们分别由点 A、点 C 向 BD 作垂线，垂足分别为 H_1、H_2。

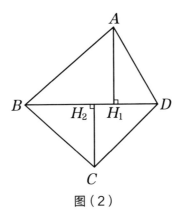

图（2）

如果我们能根据题设条件推证出点 H_1 与点 H_2 重合，则直线 AH_1 与 CH_2 重合，就有 $AC \perp BD$ 。

（1）若点 H_1 在点 H_2 的左侧或重合。

在图（2）中，也有 4 个直角三角形：$\text{Rt}\triangle AH_1B$ 、$\text{Rt}\triangle BH_2C$ 、$\text{Rt}\triangle CH_2D$ 与 $\text{Rt}\triangle AH_1D$ 。于是有：

$$\begin{cases} AB^2 = AH_1^2 + BH_1^2 & ① \\ CD^2 = CH_2^2 + DH_2^2 & ② \\ BC^2 = BH_2^2 + CH_2^2 & ③ \\ AD^2 = AH_1^2 + DH_1^2 & ④ \end{cases}$$

①+②：$AB^2 + CD^2 = AH_1^2 + BH_1^2 + CH_2^2 + DH_2^2$ ，

③+④：$BC^2 + AD^2 = AH_1^2 + DH_1^2 + CH_2^2 + BH_2^2$ 。

有题设条件：$AB^2 + CD^2 = BC^2 + AD^2$ ，

所以有：$AH_1^2 + BH_1^2 + CH_2^2 + DH_2^2 = AH_1^2 + DH_1^2 + CH_2^2 + BH_2^2$ ，

化简得：$BH_1^2 + DH_2^2 = DH_1^2 + BH_2^2$ ，

从而有：$BH_1^2 - DH_1^2 = BH_2^2 - DH_2^2$ 。

故：$(BH_1 - DH_1)(BH_1 + DH_1) = (BH_2 + DH_2)(BH_2 - DH_2)$ ，

$\qquad BD(BH_1 - DH_1) = BD(BH_2 - DH_2)$ ，

$\qquad BH_1 - DH_1 = BH_2 - DH_2$ ，

$\qquad BH_1 + DH_2 = BH_2 + DH_1$ ，

因此：$BD + H_1H_2 = BD - H_1H_2$ 。

于是：$2H_1H_2 = 0$ 。

所以，点 H_1 与点 H_2 重合。

（2）若点 H_1 在点 H_2 的右侧或重合，则同理可推出点 H_1 与点 H_2 重合。

综上（1）与（2），可知必有：$AC \perp BD$ 。

本例及以上证明过程，表明了这样的事实：一个四边形，若其对角线垂直，则两组对边的平方和相等；反过来，若两组对边平方和相等，则其对角线垂直。

两者的求证过程，一个简单，一个复杂，内在还有一定的关联。这一点，我们在有关问题的求解中，可以进一步加深体会。

例 3 （北京市初中数学竞赛试题）如图（1）所示，在矩形 $ABCD$ 中，$AB = 20$，$BC = 10$，若在 AC、AB 上各取一点 M、N，使 $BM + MN$ 的值最小，求这个最小值。

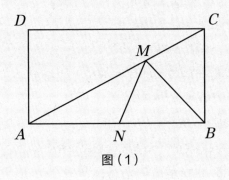

图（1）

思路 1 为了使 $BM + MN$ 的值最小，点 M、N 应落在何处呢？

首先会想到：当 $BM \perp AC$ 与 $MN \perp AB$ 时，会不会达到最小值呢？显然此时，单独看：BM 达到最小，但 MN 并没有达到最小，因此，$BM + MN$ 也不一定达到最小。

思路 2 在 BM 预先给定的情况下，一定是当 $MN \perp AB$ 时，MN 的长最小，如图（2）所示，$MN \perp AB$，并设 $MN = x$，则由于 $\text{Rt}\triangle ANM \backsim \text{Rt}\triangle ABC$，所以 $\dfrac{MN}{BC} = \dfrac{AN}{AB}$，从而 $AN = 2x$，于是 $BN = 20 - 2x$，这样在 $\text{Rt}\triangle BNM$ 中，$BM =$

$\sqrt{x^2+(20-2x)^2}$ ，故 $BM+MN=x+\sqrt{x^2+(20-2x)^2}$ 。

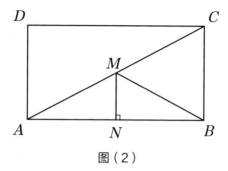

图（2）

但是对于这个代数式，我们目前还不易求出其最小值。

思路3 在图（3）中，将 Rt$\triangle ABC$ 沿着直线 AC 翻折，得到 Rt$\triangle AB'C$ ，其中点 B 的对应点为 B' ，并且 $BM=B'M$ ，于是 $BM+MN=B'M+MN$ ，其最小值就是点 B' 到直线 AB 的距离。

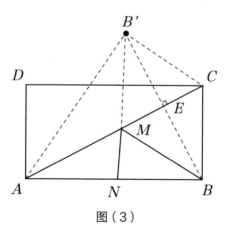

图（3）

连 BB' 交 AC 于 E ，由于点 B 与 B' 点关于 AC 对称，故 AC 垂直平分 BB' 。

观察 $\triangle ABB'$ ，它是一个等腰三角形，$AB=AB'=20$ ，AE 是其底边 BB' 上的高，而所求就是该三角形 AB 边上的高。为此，我们可以使用面积变换来求解。

在 Rt$\triangle ABC$ 中，$AB=20$，$BC=10$ ，所以 $AC=\sqrt{20^2+10^2}=10\sqrt{5}$ ，故它斜边上的高：$BE=\dfrac{20\times10}{10\sqrt{5}}=4\sqrt{5}$ 。并且 $AE=\sqrt{AB^2-BE^2}=\sqrt{320}=8\sqrt{5}$ 。

于是 $S_{\triangle ABB'} = \dfrac{1}{2}BB' \cdot AE = BE \cdot AE = 4\sqrt{5} \times 8\sqrt{5} = 160$ 。

又因为： $S_{\triangle ABB'} = \dfrac{1}{2} \times 20 \times AB$ 边上的高 。

所以 AB 边上的高 $=16$ 。

即 $BM + MN$ 的最小值为 16 。

  思路 2 中提出的方案，其实是先建模，再求最值。可以利用一元二次方程根的存在性来探求其最小值。

设 $y = x + \sqrt{x^2 + (20-2x)^2}$ ，于是 $y - x = \sqrt{x^2 + (20-2x)^2}$ ，

所以 $(y-x)^2 = x^2 + (20-2x)^2$ ，化简并整理得：

$4x^2 + (2y-80)x - y^2 + 400 = 0$ （＊）

将其看成关于 x 的一元二次方程，它有非负实根，故必有

$\triangle = (2y-80)^2 - 4 \times 4(-y^2 + 400) \geqslant 0$ 。

化简得： $y^2 - 16y \geqslant 0$ 。

又因为 $y > 0$ ，故 $y \geqslant 16$ 。而且当 $y = 16$ 时，方程（＊）可化为： $x^2 - 12x + 36 = 0$ 。

于是 $x = 6$ ，即当 $x = 6$ 时， $y = x + \sqrt{x^2 + (20-2x)^2}$ 有最小值。

因此，所求的 $BM + MN$ 的最小值为 16 。

只是这种方法在初中阶段还不太流行。

例 4 （北京市初中数学竞赛试题）如图（1）所示，$\triangle ABC$ 是等边三角形，$\triangle A_1 B_1 C_1$ 的三条边 $A_1 B_1$、$B_1 C_1$、$C_1 A_1$ 交 $\triangle ABC$ 各边于 C_2，A_2、A_3，B_2、B_3。已知 $A_2 C_3 = C_2 B_3 = B_2 A_3$ ，且 $C_2 C_3^2 + B_2 B_3^2 = A_2 A_3^2$ 。

请证明：$A_1 B_1 \perp C_1 A_1$ 。

思路 1 通过证明 $\triangle B_3 A_1 C_2$ 或者是 $\triangle B_1 A_1 C_1$ 为直角三角形，来证明结论成立。

但对这样的方案，题设条件就无法派上用场了。因此，需要从如何充分发挥题设

条件作用的角度来考量求证的思路。

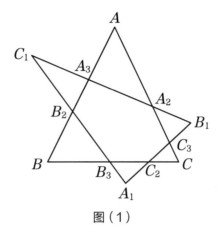

图（1）

思路 2 利用题设条件，如果能构造出一个直角三角形，它的两直角边与 A_1B_1、C_1A_1 分别平行，再利用 $C_2C_3^2 + B_2B_3^2 = A_2A_3^2$ 来求证结论。

在图（2）中，过点 A_2 与点 A_3，分别作 A_1B_1 与 A_1C_1 的平行线，设这两个平行线相交于点 P_1，则从要证明的结论看，$\triangle P_1A_2A_3$ 一定是直角三角形。于是应有 $P_1A_2 = C_2C_3$ 且 $P_1A_3 = B_2B_3$，这表明：如果我们连接 P_1C_2 和 P_1B_3，则四边形 $A_2C_3C_2P_1$ 和四边形 $A_3B_2B_3P_1$ 均应为平行四边形。而根据题目条件 $A_2C_3 = C_2B_3 = B_2A_3$，$\triangle P_1B_3C_2$ 应为正三角形。因此，我们不妨反过来想，就得到思路了。

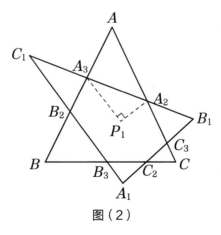

图（2）

思路3 在思路 2 的基础上，优化 Rt$\triangle P_1A_2A_3$ 的构造方法。

在图（3）中，以 B_3C_2 为一边在 $\triangle ABC$ 内部作正 $\triangle B_3C_2P_2$，
再连接 P_2A_2 与 P_2A_3。

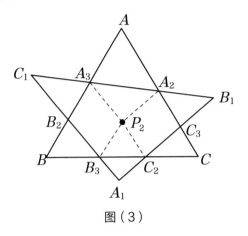

图（3）

由于 $\triangle ABC$ 与 $\triangle B_3C_2P_2$ 都是等边三角形，所以 $\angle ABC = 60°$，且 $\angle P_2B_3C_2 = 60°$。

故 $P_2B_3 /\!/ AB$，同理 $P_2C_2 /\!/ AC$。

考虑到 $A_3B_2 = B_3C_2 = P_2B_3$，故 $P_2B_3 \underline{\underline{/\!/}} A_3B_2$。

所以四边形 $B_2B_3P_2A_3$ 为平行四边形。

从而 $B_2B_3 \underline{\underline{/\!/}} A_3P_2$，同理 $C_2C_3 \underline{\underline{/\!/}} P_2A_2$。

又由题设条件：$C_2C_3^2 + B_2B_3^2 = A_2A_3^2$，

因此在 $\triangle P_2A_2A_3$ 中有：$P_2A_2^2 + P_2A_3^2 = A_2A_3^2$，于是由勾股定理的逆定理知：
$\angle A_2P_2A_3 = 90°$。

由于 $B_2B_3 /\!/ A_3P_2$，$C_2C_3 /\!/ P_2A_2$，所以 $\angle B_1A_1C_1 = 90°$，即 $A_1B_1 \perp A_1C_1$。

说明 回顾以上证明过程，关键是在没有现成的直角三角形时，如何构造出对证明有直接作用的直角三角形。而构造这个直角三角形的依据就是怎样才能有效地应用这里的两个题设条件，一个是 $A_2C_3 = C_2B_3 = B_2A_3$；另一个是 $C_2C_3^2 + B_2B_3^2 = A_2A_3^2$。

例 5 如图（1）所示，在凸四边形 $ABCD$ 中，其对角线 AC 与 BD 相交于点 O，满足：$AC = BD$，且 $AC \perp BD$，$AB = 13$，$BC = 4\sqrt{2}$，$\angle BCD = 105°$，试求 CD 的长。

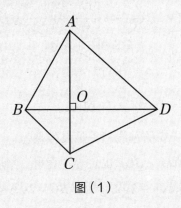

图（1）

思路 1 从题设条件看，$\triangle ABC$ 与 $\triangle DCB$ 有一公共边 BC，还有一对边相等：$AC = BD$，那么，是否有：$\triangle ABC \cong \triangle DCB$ 呢？如果这两个三角形全等，则就有：$CD = AB = 13$。

事实上，若 $\triangle ABC \cong \triangle DCB$，又由于 $BO \perp OC$，则 $\angle ACB = \angle DBC = 45°$。

于是 $\triangle BOC$ 是等腰直角三角形，因为 $BC = 4\sqrt{2}$，所以 $OC = 4$。

再看 $\text{Rt}\triangle DOC$，$\angle DCO = 105° - 45° = 60°$，因此 $\angle ODC = 30°$，这样 $CD = 2CO = 8$。与 $CD = AB = 13$ 不相符。

所以思路 1 的方向出现了问题。

思路 2 充分考虑题设条件：$\angle BCD = 105°$ 的应用，注意到 $105° = 60° + 45°$。

在图（2）中，作 $\angle BCH = 60°$，再过点 B 作 CH 的垂线，设垂足为 H，并延长 BH 与 CD 相交于 E。

这样我们得到两个特殊的三角形：有两锐角分别为 $60°$ 与 $30°$ 的 $\text{Rt}\triangle BHC$，还有一个等腰直角三角形 CHE。

由于 $BC = 4\sqrt{2}$，所以 $EH = CH = 2\sqrt{2}$，$BH = 2\sqrt{6}$，$CE = 4$。

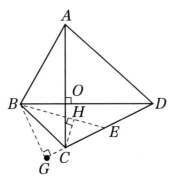

图（2）

再过点 B 作 DC 的延长线的垂线，垂足设为 G 。

由于 $\angle BEG = 45°$ ，所以 $\triangle BGE$ 也是等腰直角三角形。

因为 $BE = BH + HE = 2\sqrt{6} + 2\sqrt{2}$ ，所以 $BG = 2\sqrt{3} + 2$ 。

若设 $CD = x$ ，则可根据题设条件，利用勾股定理、算面积等方法，可建立含有 x 的方程组。为此，我们还要设 $AC = BD = a$ ， $OC = n$ ，则有 $OA = a - n$ 。

在 Rt$\triangle OAB$ 与 Rt$\triangle OCB$ 中有：$AB^2 - OA^2 = BC^2 - OC^2$ ，可得 $13^2 - (a-n)^2 = (4\sqrt{2})^2 - n^2$ ，化简得：$a^2 - 2an = 137$ 。

计算 $S_{\triangle BCD} = \dfrac{1}{2} CD \cdot BG = (\sqrt{3}+1)x$ ，

又有 $S_{\triangle BCD} = \dfrac{1}{2} an$ ，

故 $an = 2(\sqrt{3}+1)x$ 。

再在 Rt$\triangle BGD$ 中应用勾股定理得：

$BD^2 = BG^2 + GD^2$ ，

即有： $a^2 = (2\sqrt{3}+2)^2 + (x + CG)^2$

$\qquad = (2\sqrt{3}+2)^2 + (x + 2\sqrt{3} - 2)^2$ ，

这样我们就有以下关于 a 、 n 、 x 的方程组：

$$\begin{cases} a^2 - 2an = 137 \\ an = 2(\sqrt{3}+1)x \\ a^2 = (2\sqrt{3}+2)^2 + (x + 2\sqrt{3} - 2)^2 \end{cases}$$

消掉 a 与 n 得关于 x 的方程： $4(\sqrt{3}+1)x+137=(2\sqrt{3}+2)^2+(x+2\sqrt{3}-2)^2$，

化简得： $x^2-8x-105=0$，

从而有： $(x-15)(x+7)=0$，

又因为 $x>0$，所以 $x=15$。

即所求边长 $CD=15$。

说明　本例求解的要点是：已知条件 $\angle BCD=105°$，如何利用它？难点是如何根据题设条件构建关于 a、n、x 的方程组，并能求解这个方程组。这里两次利用"算两次"的方法：一次是算 $S_{\triangle BCD}$；另一次是分别在 $\mathrm{Rt}\triangle OAB$ 与 $\mathrm{Rt}\triangle OCB$ 中计算 $OB^2=AB^2-OA^2$、$OB^2=BC^2-OC^2$。因此，我们可以说"算两次"是一种常用的有效的数学方法。

四、与圆有关的问题

 例1　　如图（1）所示，BD、CE 分别是 $\triangle ABC$ 的两条中线，它们相交于点 F，设 $\triangle BEF$ 的内切圆为 $\odot O_1$，$\triangle CDF$ 的内切圆为 $\odot O_2$，若 $\odot O_1$ 与 $\odot O_2$ 相等，试证明：$\triangle ABC$ 是等腰三角形。

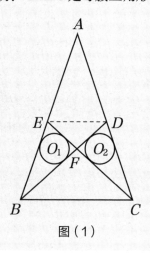

图（1）

思路1　分析法 要证明 $\triangle ABC$ 是等腰三角形，则需要证明：$AB = AC$（即 $BE = CD$）或者是 $\angle ABC = \angle ACB$，进而需要证明：$\triangle BCE \cong \triangle CBD$，或者是 $\triangle BEF \cong \triangle CDF$，而它们与题设条件之间的内在联系不易被发现，因此很难进一步分析下去。

思路2　综合法 由题设条件 BD 与 CE 分别是 $\triangle ABC$ 的 AC 边与 AB 边上的中线，故 DE 是 $\triangle ABC$ 的中位线，因此 $DE /\!/ BC$。

根据同底等高的两三角形等积知：$S_{\triangle BCD} = S_{\triangle BCE}$，两边都减去 $S_{\triangle BCF}$，可得 $S_{\triangle BEF} = S_{\triangle CDF}$。再由题设条件：$\odot O_1$ 与 $\odot O_2$ 的半径相等，故 $\dfrac{1}{2} r \cdot (BF + EF + BE) = \dfrac{1}{2} r \cdot (DF + CF + CD)$。

从而可知：$\triangle BEF$ 与 $\triangle CDF$ 的周长相等。

但是面积相等且周长相等的两个三角形未必全等，因此，在这里还推不出 $BE = CD$。

思路3　分析法与综合法相结合　将思路1与思路2相结合，一方面，在思路1中，我们需要 $BE = CD$；而另一方面，在思路2中，我们又有：$\triangle BEF$ 与 $\triangle CDF$ 的周长相等。

在图（2）中，设 $\odot O_1$ 与 $\triangle BEF$ 的3边相切于点 M_1、M_2、M_3；$\odot O_2$ 与 $\triangle CDF$ 的3边相切于点 N_1、N_2、N_3。

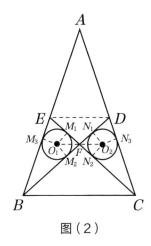

图（2）

根据切线长定理知：$BM_2 = BM_3$，$EM_1 = EM_3$，

所以，$BM_2 + BM_3 + EM_3 + EM_1 = 2BM_3 + 2EM_3 = 2BE$；

同理亦有：$CN_2 + CN_3 + DN_3 + DN_1 = 2CN_3 + 2DN_3 = 2CD$。

又由于 $C_{\triangle BEF} - 2BE = 2FM_1$；$C_{\triangle CDF} - 2CD = 2FN_2$。

这样我们只需要证明：$FM_1 = FN_2$，就可以得出 $\triangle ABC$ 是等腰三角形的结论。

接下来考虑：$\text{Rt}\triangle FM_1O_1$ 与 $\text{Rt}\triangle FN_2O_2$ 是否全等？

由于 $\odot O_1$ 与 $\odot O_2$ 两条共有切线的交点 F 与两圆心 O_1 与 O_2 共线，所以 $\angle O_1FM_1 = \angle O_2FN_2$，并且两圆半径相等，即 $O_1M_1 = O_2N_2$，

故 Rt$\triangle O_1FM_1 \cong$ Rt$\triangle O_2FN_2$。

因此：$FM_1 = FN_2$。

这样，我们就用分析法与综合法相结合的办法，证明了$\triangle ABC$是等腰三角形。

说明　　分析法就是从要证的结论出发，不断地追问我们需要什么。如果能直接联系到题设条件，则证明完成。

综合法就是从题设条件出发，不断探求我们得到什么。如果能直通要证明的结论，则证明完成。

分析法与综合法相结合就是从题设条件出发，不断地推演……又从要证的结论出发，不断地追本溯源……就是将我们"有什么"与我们"要什么"之间进行衔接，从而打通条件到结论的途径。

例2　　如图（1）所示，四边形$ABCD$有内切圆，4边上的切点分别为E、G、F、H。试证明：AC、BD、EF与GH 4条线段共点。

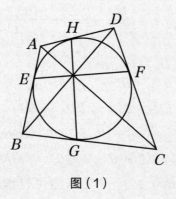

图（1）

思路分析

要证4条线段共点，往往是选择其中的2条线段，然后证明另外2条线段都经过它们的交点。

思路1 现在来证明 EF 经过 AC 与 BD 的交点。

考虑 AC 切分 EF 形成的两段线段的长度比值和 BD 切分 EF 形成的长度比值是否相等。

若这两个比值相等，则 AC 与 BD 均相交于 EF 上的同一点，此时 3 条线 AC、BD 与 EF 共点，即 EF 经过 AC 与 BD 的交点。

但是无论是 AC 切分 EF，还是 BD 切分 EF，它们的比值均不易用相关的量表达出来。

思路2 证明：AC 经过 EF 与 GH 的交点。

考虑 EF 切分 AC 形成的两段线段的长度比值和 GH 切分 AC 形成的长度比值是否相等。如图（2）所示，设 AC 与 EF 相交于点 P_1，则 $\dfrac{AP_1}{P_1C}$ 等于什么呢？

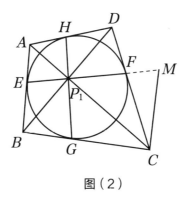

图（2）

这里没有平行线，也没有相似三角形。因此，无法用已知的量来表示 $\dfrac{AP_1}{P_1C}$。这就需要我们通过作出相关的辅助线，构造出相对应的相似三角形，并求出它们的相似比。

过点 C 作 AB 的平行线与 EF 的延长线相交于点 M。对于 $\triangle AEP_1$ 与 $\triangle CMP_1$ 而言，由于 $\angle AP_1E = \angle CP_1M$，又因为 $AE /\!/ CM$，故 $\angle AEP_1 = \angle CMP_1$，所以

$\triangle AEP_1 \backsim \triangle CMP_1$，从而有 $\dfrac{AP_1}{P_1C} = \dfrac{AE}{CM}$。

再考虑到 AB 与 CD 均为圆的切线，将 AB、CD 延长，并设延长线交于 T，则由于切线 $TE = TF$，所以 $\angle AEP_1 = \angle DFP_1$，又因为 $\angle DFP_1 = \angle CFM$、$AB /\!/ CM$，从而有 $\angle CMF = \angle CFM$，故 $CM = CF$。

所以 $\dfrac{AP_1}{P_1C} = \dfrac{AE}{CF}$，即 EF 切分 AC 形成的两段线段长度的比值是两切线长 AE 与 CF 之比。

同理有 GH 切分 AC 形成的两段线段长度的比值是切线长 AH 与 CG 之比。

又因为 $AE = AH$，$CG = CF$。

所以 EF 切分 AC 形成的两段线段长度之比与 GH 切分 AC 形成的两段线段长度之比是相等的。

于是有：EF、GH、AC 三线共点，即 AC 过 EF 与 GH 的交点。

同理，BD 亦过 EF 与 GH 的交点。

这样，我们就证明了 4 线 AC、BD、EF 与 GH 共点。

　　多线共点问题的求证，常常是从中选出两线，通过证明其他线都过这两条线的交点而完成证明过程。

　　如图（1）所示，已知四边形 $ABCD$ 的外接圆 $\odot O$ 的半径为 2，对角线 AC 与 BD 的交点为 E，$AE = EC$，$AB = \sqrt{2}AE$，且 $BD = 2\sqrt{3}$。

（1）证明：$BE \cdot CD = BC \cdot DE$；

（2）求四边形 $ABCD$ 的面积。

（1）**第1步**，要证明 $BE \cdot CD = BC \cdot DE$，即证 $\dfrac{BC}{CD} = \dfrac{BE}{DE}$，即证：$CE$ 是 $\angle BCD$ 的平分线。

即要证：$\angle BCA = \angle DCA$。

从而要有：$AB = AD$。

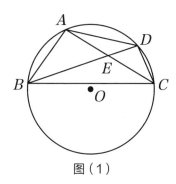

图（1）

这里没法通过全等三角形得到对应的边相等。

也不易通过证明 △ABD 为等腰三角形，而得它的两腰相等。

◀第2步▶ 对题设条件 $AE = EC$ 及 $AB = \sqrt{2}AE$，深入地分析与重构后，我们可以得：$AB^2 = 2AE^2 = AE \cdot 2EC = AE \cdot AC$；

从而有 $\dfrac{AB}{AC} = \dfrac{AE}{AB}$。

又因为 $\angle BAC = \angle EAB$，

所以 △$ABC \backsim$ △AEB，

所以 $\angle ABD = \angle ACB$。

又因为同弧上的圆周角相等，故 $\angle ABD = \angle ACD$，

于是 $\angle ACB = \angle ACD$。CE 是 $\angle BCD$ 的角平分线。

从而知要证的结论成立。

（2）**◀第1步▶** 由于 $AE = EC$，即点 E 是 AC 的中点，所以 $S_{\triangle DAE} = S_{\triangle DCE}$，$S_{\triangle BAE} = S_{\triangle BCE}$，于是有：$S_{\triangle ABD} = S_{\triangle BCD}$。

因此，$S_{四边形ABCD} = 2S_{\triangle ABD}$。

接下来，在 $S_{\triangle ABD}$ 的计算过程中，题设条件 $BD = 2\sqrt{3}$，外接圆半径为2，如何运用？

◀第2步▶ 首先在第（1）小题的证明过程中，已经获知 △ABD 是等腰三角形，而且由题设条件知其底边长为 $2\sqrt{3}$，如果我们能够推算出等腰三角形 ABD 的顶角或底角角度，则可得到它的面积。

在图（2）中，连圆心 O 与 A、B、D 三点，则 $\triangle OBD$ 是等腰三角形，并且 $OA \perp BD$，腰长 2，底边长为 $2\sqrt{3}$，故底角角度为 $30°$，顶角角度为 $120°$。

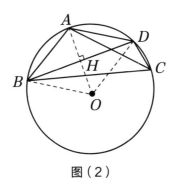

图（2）

所以圆的优弧：$\overparen{BCD} = 240°$，

故 $\angle BAD = 120°$，

从而 $\angle ABD = 30°$，

因此 $AB = 2AH$。

所以 $AH = \sqrt{AB^2 - BH^2}$，$BH = \dfrac{1}{2}BD = \sqrt{3}$；

$AH^2 = 4AH^2 - 3$；

$AH^2 = 1$，$AH = 1$；

$S_{\triangle ABD} = \dfrac{1}{2}BD \cdot AH = \sqrt{3}$。

故 $S_{四边形ABCD} = 2S_{\triangle ABD} = 2\sqrt{3}$。

例 4　　如图（1）所示，等腰三角形 ABC 中，点 P 为底边 BC 上异于中点的任意一点，过 P 作两腰的平行线分别与 AB、AC 相交于 Q、R 两点，P' 是 P 关于直线 RQ 的对称点。

（1）试判断四边形 $ARQP'$ 的形状；

（2）证明：P' 在 $\triangle ABC$ 的外接圆上。

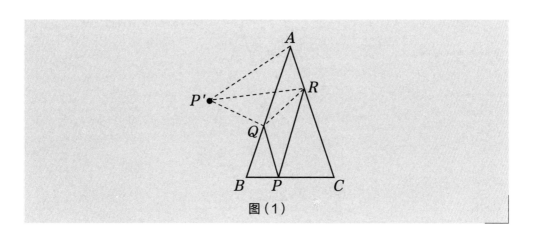

图（1）

（1）**第1步** 由题设条件可知：

四边形 $ARPQ$ 是平行四边形，所以 $AR = PQ$。

又由于点 P' 与点 P 关于 RQ 对称，

故 $\triangle RPQ \cong \triangle RP'Q$，

从而 $PQ = P'Q$。

所以四边形 $ARQP'$ 的一组对边 $AR = QP'$，

从而猜想这个四边形是等腰梯形。

第2步 要证明 $RQ /\!/ AP'$，就需要有 $\angle AP'R = \angle QRP'$。

而此结论不是通过两直线平行则内错角相等，或者是同位角相等能够推出的。

需要我们另辟蹊径，通过证明 A、R、Q、P' 四点共圆，来推出 $RQ /\!/ AP'$。

如图（2）所示，设 $\angle RAQ = \angle 1$，$\angle RPQ = \angle 2$，$\angle RP'Q = \angle 3$，由第1步的分析中，已经有 $\angle 1 = 2$，$\angle 2 = 3$，故 $\angle 1 = \angle 3$，

所以 A、R、Q、P' 四点共圆。

所以 $\angle AP'R = \angle AQR$；

由于 $AQ /\!/ RP$，故 $\angle AQR = \angle PRQ$。

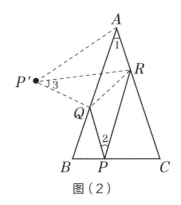

图（2）

于是有 $\angle AP'R = \angle QRP'$，从而 $RQ /\!/ AP'$。

此时，我们断定四边形 $ARQP'$ 是等腰梯形还为时过早。

第3步 因为 $\angle RAP' = \angle 1 + \angle P'AQ$，$\angle QP'A = \angle 3 + \angle AP'R$，

$\angle P'AQ = \angle P'RQ$，$\angle AP'R = \angle PRQ = \angle AQR$，

又因为 $\angle P'RQ = \angle PRQ$，所以 $\angle RAP' = \angle QP'A$。

这样，我们就有以下判断。

（Ⅰ）当 QR 不垂直于 AC 时，四边形 $ARQP'$ 是等腰梯形；

（Ⅱ）当 $QR \perp AC$ 时，四边形 $ARQP'$ 是矩形。

（2）要证明点 P' 在 $\triangle ABC$ 的外接圆上，就是要证明：A、B、C、P' 四点共圆。那么，有没有同弧上的圆周角相等，或者是对角互补呢？

如图（3）所示，连接 BP'，再连接 CP'。

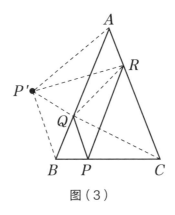

图（3）

思路1 考虑是否有 $\angle AP'B + \angle ACB = 180°$ 呢？此结论不易求证。

思路2 考虑是否有 $\angle BCP' = \angle BAP'$ 呢？此结论也不易求证。

思路3 考虑是否有 $\angle ABP' = \angle ACP'$ 呢？

由于 $RC = RP$，$RP' = RP$，故 $\triangle RCP'$ 是等腰三角形，所以 $\angle ARP' = 2\angle RCP'$。

同样有 $QP' = QP$，而且 $QB = QP$，故 $\triangle QBP'$ 是等腰三角形，所以 $\angle AQP' = 2\angle QBP'$。

在第（1）小题的探求中，已证 A、R、Q、P' 四点共圆，故 $\angle ARP' = \angle AQP'$。从而有 $\angle RCP' = \angle QBP'$，即 $\angle ACP' = \angle ABP'$。

于是 A、C、B、P' 四点共圆，也就是点 P' 在 $\triangle ABC$ 的外接圆上。

说明 在第（1）小题中，四边形 $ARQP'$ 为矩形是可能的，如图（4）所示，当 $\triangle ABC$ 为等边三角形时，取 P 为 BC 的一个三等分点，并且 $BP : PC = 1 : 2$。

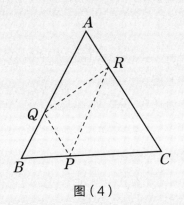

图（4）

这时，在 $\triangle RPQ$ 中，$\angle RPQ = 60°$，并且 $RP = 2PQ$，从而知 $\angle PRQ = 30°$。

这样 $QR \perp AC$。四边形 $ARQP'$ 为矩形。因此，在四边形 $ARQP'$ 形状的判断中，仅断定它为等腰梯形是不正确的。

例5 （2022年全国高中数学联赛【B】加试题）如图（1）所示，设A、B、C、D四点在圆ω上顺次排列，其中AC经过圆ω的圆心O。线段BD上一点P满足$\angle APC = \angle BPC$，线段AP上两点X、Y满足A、O、X、B四点共圆，A、Y、O、D四点共圆。证明：$BD = 2XY$。

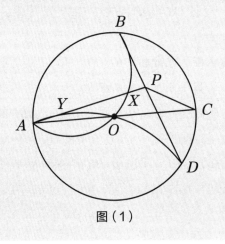

图（1）

思路1 为了证明$BD = 2XY$，我们想倍长XY或二分BD。（Ⅰ）若是倍长XY，如何倍长？找不到倍长的方向。

（Ⅱ）若是二分BD，如何二分？如果取BD中点Q，则无法证明$BQ = XY$或$DQ = XY$。

因此，思路1不可取。

思路2 寻找分别以XY、BD为其一对对应边的两个相似三角形，而它们的相似比为$1:2$。

显然在图（1）中没有这样的两个相似三角形，因此，需要我们构造这样的两个相似三角形来。

从图（1）中内部构造分析，我们锁定这两个相似三角形为$\triangle OXY$与$\triangle CDB$。

因此，在图（2）中，连接OX、OY、CD与CB，观察$\triangle OXY$与$\triangle CDB$，探证它们相似。考虑到它们的内角均为圆周角，所以，我们可以来寻找"同弧上的圆周角相等"，或者是"通过 θ_1 与 θ_2 为同弧上的圆周角，θ_1 与 θ_3 也是同弧上的圆周角，从而有 $\theta_1 = \theta_2$，且 $\theta_1 = \theta_3$，来获得 $\theta_2 = \theta_3$"。

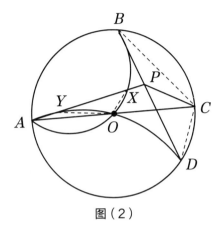

图（2）

在图（3）中再连接 AB、AD、OB 与 OD，观察两组角：$\angle OXY$ 与 $\angle OBA$、$\angle OAB$ 与 $\angle CDB$。

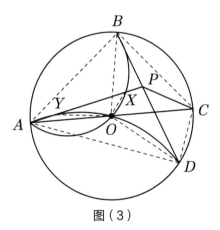

图（3）

（Ⅰ）因为 $\angle OXY$ 与 $\angle OBA$ 是同弧上的圆周角，所以 $\angle OXY = \angle OBA$；$\angle OAB$ 与 $\angle CDB$ 是同弧上的圆周角，同样有 $\angle CDB = \angle OAB$。

又因为 $OA = OB$，所以 $\angle OAB = \angle OBA$，

从而有 $\angle OXY = \angle OAB$，于是 $\angle OXY = \angle CDB$。

（Ⅱ）首先，$\angle OYX = \angle OAY + \angle YOA = 180° - \angle AYO = \angle ODA$。

由于 $\angle DAC$ 与 $\angle CBD$ 是同弧上的圆周角，故 $\angle CBD = \angle DAC = \angle OAD$。

又因为：$OA = OD$，所以 $\angle ODA = \angle OAD$。

从而有：$\angle OYX = \angle CBD$。

由以上（Ⅰ）、（Ⅱ）知 $\triangle OYX \backsim \triangle CBD$，

XY 与 BD 之比就是这两个相似三角形的相似比。

于是，我们就要想办法来求证这个相似比为 $\dfrac{1}{2}$。

注意到 AC 是圆 ω 直径的这一条件，还没有得到充分的"开发利用"，可以从这一点来寻找突破，但是并不容易。

在图（4）中，延长 AP 与圆 ω 相交于点 E，连 CE，再过点 O、点 C 分别作 AP 与 BD 的垂线，垂足分别为点 M 与点 N，在 $\triangle AEC$ 中，由于 AC 是圆的直径，所以 $\angle AEC = 90°$，又因为 $OM \perp AE$，故 $OM : CE = AO : AC = 1 : 2$。

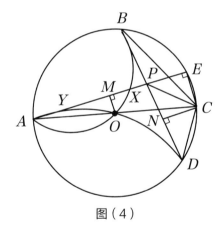

图（4）

考虑到题设条件 $\angle APC = \angle BPC$ 还没有得到利用，于是我们观察：

$$\begin{cases} \angle EPC = \angle BPC - \angle BPE \\ \angle CPN = \angle APC - \angle APD \end{cases}$$

从而得 $\angle EPC = \angle CPN$，

又因为 $CP = CP$

所以 $\text{Rt}\triangle CEP \cong \text{Rt}\triangle CNP$，

这样就有 $CN = CE = 2OM$。

最终，相似三角形相似比即对应边上的高之比，所以 $\triangle OXY$ 与 $\triangle CDB$ 的相似比为 $1:2$。

这样就有结论：$BD = 2XY$。

说明　　一道几何证明题，其求证思路如何寻找呢？本例的探证就是一个范例。一方面，总是从条件入手能得到什么？如果称此为发展性成果，那么，发展一步、二步……能否指向要证明的结论？

另一方面，要证明的结论需要什么？如果称此为需求性成果，那么逆推一步、二步……能否指向题设条件？

在实际求证中，更多的是以上两个方面相互发生作用，最终找到结合点，打通求证问题的思路。

例 6　　（2021 年全国中学生数学奥林匹克竞赛【初赛】加试题）如图（1）所示，I 是 $\triangle ABC$ 的内心，点 P、Q 分别为 I 在 AB、AC 上的投影。直线 PQ 与 $\triangle ABC$ 的外接圆相交于点 X、Y（点 P 在 X 与 Q 之间）。已知 B、I、P、X 四点共圆。证明：C、I、Q、Y 四点共圆。

思路 1　在图（1）中，过点 I 作 BC 的垂线，设垂足为 E，连 BX、BI、IX，再连 CI、CY 与 IY。

由题设条件：B、I、P、X 四点共圆。因此，点 X 在 $\mathrm{Rt}\triangle BPI$ 的外接圆上；同样，点 E 也在该外接圆上，从而有 B、E、I、P、X 五点共圆。于是我们就联想到是否有 C、E、I、Q、Y 五点共圆呢？进而将要证明的 C、I、Q、Y 四点共圆，转化为证明 C、E、I、Y 四点共圆。

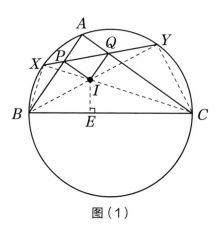

图（1）

　　显然这个圆的圆心就是的 CI 中点，设该中点为 Q_1，连 Q_1Y，必定要有 $Q_1Y = \dfrac{1}{2}CI$，但这里很难思考到有效的方法来推证出这一结果。

思路2

第1步 在图（2）中，连接 BI、BX 与 IX；再连接 CI、CY 与 IY。

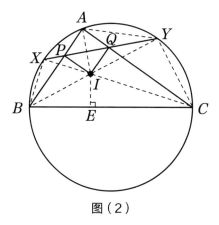

图（2）

　　由题设条件 B、I、P、X 四点共圆，并且 $\angle IPB = 90°$，因此也有 $\angle BXI = 90°$。

　　于是我们联想到，要证 C、I、Q、Y 四点共圆，就要证 $\angle CYI = 90°$。

　　考虑到直径所对的圆周角是直角，所以希望这里能有 B、I、Y 三点共线，而且 BC 就是这个 $\triangle ABC$ 外接圆的直径。

而这两个结论如何证明呢?

它们是求证过程中的一道门槛,能否被跨越呢?

第2步 先来观察 C、I、X 是否三点共线。

这就需要研究:是否有 $\angle BIX + \angle BIC = 180°$ 呢?

由于 I 是 $\triangle ABC$ 的内心,所以 $\angle BIC = \dfrac{\angle ABC}{2} + \dfrac{\angle ACB}{2} + \angle BAC = 90° + \dfrac{\angle BAC}{2}$,再来探求 $\angle BIX$ 的大小是否为 $90° - \dfrac{\angle BAC}{2}$ 呢?

由于 $IP \perp AB$,$IQ \perp AC$,所以 A、P、I、Q 四点共圆。再连接 IA,则 $\angle APQ = \angle AIQ = 90° - \dfrac{\angle BAC}{2}$。

所以,$\angle BPX = \angle APQ = 90° - \dfrac{\angle BAC}{2}$。

又由于 B、I、P、X 四点共圆,所以 $\angle BIX = \angle BPX = 90° - \dfrac{\angle BAC}{2}$。

从而有 $\angle BIX + \angle BIC = 180°$,故 C、I、X 三点共线。

考虑到 $\angle BXI = \angle BPI = 90°$,所以 BC 是圆的直径。

$\triangle ABC$ 是直角三角形,$\angle BAC = 90°$。

进而可知四边形 $APIQ$ 为正方形,故 XY 垂直平分 AI,所以 $\angle AXY = \angle CXY$,于是点 Y 是 $\overset{\frown}{AC}$ 的中点。

因此,$\angle CBY = \dfrac{\angle ABC}{2}$,又因为 I 是 $\triangle ABC$ 的内心,故 $\angle CBI = \dfrac{1}{2}\angle ABC$,从而有 B、I、Y 三点共线。

又因为 BC 是 $\triangle ABC$ 的外接圆的直径。

故 $\angle CYI = 90°$。

这就证明了 C、I、Q、Y 四点共圆。

说明 在以上证明过程中,两组三点共线(C、I、X 三点共线、B、I、Y 三点共线)是问题获证的关键。

五、面积问题与面积方法

如图（1）所示，D 为等腰三角形 ABC 底边 BC 的中点，E、F 分别为 AC 及其延长线上的点，已知 $\angle EDF = 90°$，$AD = 5$，$ED = DF = 1$，求线段 BC 的长。

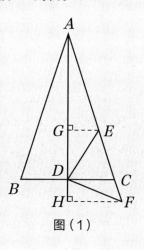

图（1）

思路分析

在平面几何问题中，如果要判断两线段是否相等，常常是通过三角形的全等来获证。如果是求某个线段的长，则往往是通过三角形相似、平行线分线段成比例或面积法等来探求。以下我们从两个方面来求线段 BC 的长。

思路1 利用三角形相似，根据对应边成比例来获得线段的方程，最终求出 BC 的方案。

如图（1）所示，过 E 作 $EG \perp AD$ 于 G，过 F 作 $FH \perp AD$ 于 H，则由 $\angle EDF = 90°$ 可得，$\angle EDG = \angle DFH$，又因为 $ED = DF$，所以 $\text{Rt}\triangle EDG \cong \text{Rt}\triangle DFH$。

设 $EG = x$，$DG = y$，则 $DH = x$，$FH = y$。

在 $\text{Rt}\triangle EDG$ 中，$x^2 + y^2 = 1$。 （1）

又因为 Rt△AEG∽Rt△AFH，则有 $\dfrac{EG}{FH} = \dfrac{AG}{AH}$，即 $\dfrac{x}{y} = \dfrac{5-y}{5+x}$。

化简为：$x^2 + y^2 = 5(y - x)$。   （2）

这样由（1）、（2）联立，我们得到一个二元二次方程组，对它进行求解，运算量较大。而且在获得 x 与 y 之后，如何求 CD 呢？还需要进一步运用相似三角形对应边成比例。因此，此方案并不是一个简捷的办法。

思路 2 ▶ 采用面积法来探求，即利用 Rt△ADC 面积的两次算法：$S_{\triangle ADC} = \dfrac{1}{2} CD \cdot AD$ 与 $S_{\triangle ADC} = S_{\triangle DAC} = \dfrac{1}{2} AC \cdot$ 边 AC 上的高，从而得到边长 DC 的方程，求出 AC。

设 $CD = t$，等腰 Rt△DEF 斜边 EF 的高 DH 的长为 $\dfrac{\sqrt{2}}{2}$。

于 是 一 方 面：$S_{\triangle ADC} = \dfrac{1}{2} t \cdot 5 = \dfrac{5}{2} t$。另 一 方 面：$S_{\triangle ADC} = \dfrac{1}{2} AC \cdot DH = \dfrac{1}{2} \times \sqrt{5^2 + t^2} \times \dfrac{\sqrt{2}}{2}$。

从而可得 $5\sqrt{2}t = \sqrt{t^2 + 5^2}$，两边平方得 $50t^2 = t^2 + 25$，所以 $t^2 = \dfrac{25}{49}$，$t = \dfrac{5}{7}$。

故 $BC = 2DC = 2 \times \dfrac{5}{7} = \dfrac{10}{7}$。

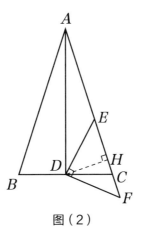

图（2）

本例题是一道全国初中数学联赛二试的考题，思路1是标准答案给出的求解方案，而思路2是我们新的探索。

对照两种方案，我们明显感受到，思路2不仅思维过程简捷，而且运算量还小很多。因此，我们推荐思路2的方案。

 如图（1）所示，已知P为$\square ABCD$内的一点，过点P分别作AB、AD的平行线，它们交平行四边形的边于E、F、G、H四点。若$S_{\square PEAH}=m$，$S_{\square PFCG}=n(n>m)$，试求$\triangle PBD$的面积。

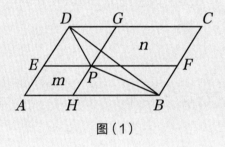

图（1）

思路分析

要求三角形的面积，一般有3种方法：一是直接法，即直接利用"$S_{\triangle}=\dfrac{1}{2}\times$底×高"计算；二是分割法，即将要求面积的三角形，分割成两个或两个以上的小三角形，逐一算出这些小三角形的面积，求它们的和；三是间接法，即找出包含要求面积的三角形的几何图形，通过求该几何图形的面积再扣除其余图形的面积，得到所求。

那么，这里应该用哪一种方法来求解呢？

思路1 若利用直接法求$S_{\triangle PBD}$，则需要求出$\triangle PBD$的一条边长与这条边上的高，但是由题设条件无法解决这一问题，因此直接法不适合求答案。

思路2 若采用分割法求$S_{\triangle PBD}$，在图（2）中，设BD交EF于点M，于GH于点N，

则 $\triangle PBD$ 被分割成了以下 3 部分：（1） $\triangle PBM$；（2） $\triangle PMN$；（3） $\triangle PND$。

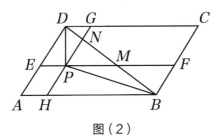

图（2）

对于这 3 部分，都有一个共同的问题：根据题设条件无法获得所涉及三角形的边长与对应的高。因此，思路 2 也不适合求出 $S_{\triangle PBD}$。

思路 3 在没法直接计算的情况下，我们考虑间接计算。

设 $\square EPGD$ 与 $\square HBFP$ 的面积分别为 S_1 和 S_2，

于是 $\square ABCD$ 的面积为 $m + n + S_1 + S_2$，

所以 $S_{\triangle ABD} = \dfrac{m + n + S_1 + S_2}{2}$。

故 $S_{\triangle PBD} = S_{\triangle ABD} - m - \dfrac{S_1}{2} - \dfrac{S_2}{2}$

$\qquad = \dfrac{m + n + S_1 + S_2}{2} - m - \dfrac{S_1}{2} - \dfrac{S_2}{2}$

$\qquad = \dfrac{n - m}{2}$

说明 观察上述解题过程，其问题获解的关键是 $\dfrac{S_1}{2}$ 和 $\dfrac{S_2}{2}$ 恰好能够抵消。另外，我们还可以发现当 $m = n$ 时，点 P 就在对角线 BD 上了；若 $n < m$，则 $S_{\triangle PBD}$ 应该为 $\dfrac{1}{2}(m - n)$。

例 3 （2011 年全国初中数学竞赛试题）如图（1）所示，点 P、Q 是边长为 1 的正方形 $ABCD$ 内两点，使得 $\angle PAQ = \angle PCQ = 45°$，求 $S_{\triangle PAB} + S_{\triangle PCQ} + S_{\triangle QAD}$ 的值。

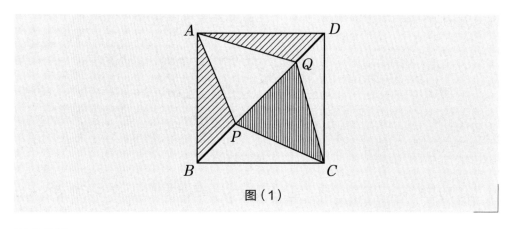

图（1）

思路分析

在这里要求 3 个三角形的面积之和，可以有 3 种方案：一是逐一计算图中 3 个阴影部分面积，再求其和；二是将 3 个阴影部分的三角形通过旋转、对称与平移等几何变换集中到一起组成一个几何图形，再计算其面积；三是猜想正方形 $ABCD$ 内的阴影部分与空白部分面积相等，从而获知阴影部分的面积等于正方形面积的一半。

思路 1 逐一计算 3 个阴影部分的方案：将 $\triangle PAB$ 与 $\triangle QAD$ 的底边分别看成 AB 与 AD，则底已知，但相应的高无法获知，故均无法求得其面积。同时，$\triangle PCQ$ 仅已知其一内角为 45°，3 条边长无一确定，因此该三角形的面积也无法求得。故这一方法不能解决问题。

思路 2 通过几何变换（平移、旋转与对称等），将 3 个阴影部分的三角形集中到一起，由于它们无法拼成一个多边形，因此无法整体算出 3 个阴影部分的面积和。故思路 2 也不能解决问题。

思路 3 对比阴影部分的 3 个三角形面积之和与空白部分 3 个三角形的面积之和是否相等。

在图（2）中，将 $\triangle QAD$ 绕着点 A 顺时针旋转 90°（或者是逆时针旋转 270°），再将 $\triangle QCD$ 绕着点 C 逆时针旋转 90°（或者是顺时针旋转 270°），分别得到 $\triangle Q'AB$ 与 $\triangle Q''CB$。

由于 $\angle PAQ = \angle PCQ = 45°$，所以 $\angle PAQ' = \angle PCQ'' = 45°$，从而有

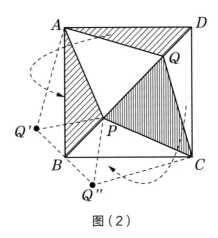

图（2）

$\triangle APQ' \cong \triangle APQ$，$\triangle CPQ'' \cong \triangle CPQ$；

故有 $PQ' = PQ$，$PQ'' = PQ$，故 $PQ' = PQ'' = PQ$，$\triangle PQ'Q''$ 是等腰三角形。因为 $BQ' = DQ$，$BQ'' = DQ$，故 $BQ' = BQ''$。

又由于 $\angle ABQ' = \angle ADQ$，$\angle CBQ'' = \angle CDQ$，

所以 $\angle ABQ' + \angle CBQ'' = \angle ADQ + \angle CDQ = 90°$，从而 Q'、B、Q'' 三点共线。

这样 PB 是等腰三角形 $PQ'Q''$ 底边 $Q'Q''$ 上的中线，也是高，于是 $Rt\triangle PBQ' \cong Rt\triangle PBQ''$；

又因为 $\triangle APQ' \cong \triangle APQ$，$\triangle CPQ \cong \triangle CPQ''$，故 $S_{\triangle APQ'} = S_{\triangle APQ}$，$S_{\triangle CPQ} = S_{\triangle CPQ''}$；

于是 $S_{阴影} = S_{\triangle APQ'} + S_{\triangle PBQ'} + S_{\triangle CPQ} = S_{\triangle APQ} + S_{\triangle PBQ''} + S_{\triangle CPQ''}$。

$= S_{\triangle APQ} + S_{\triangle PBC} + S_{\triangle QCD} = S_{空白}$（图（1）中的空白部分），从而可知：所求的 3 个阴影三角形面积和为 $\dfrac{1}{2} S_{正方形ABCD} = \dfrac{1}{2}$。

说明 事实上，这里可以通过图（1）中的特殊情况：点 P、Q 在对角线 BD 上，这时，$\triangle PAB \cong \triangle PCB$、$\triangle PAQ \cong \triangle PCQ$、$\triangle QAD \cong \triangle QCD$，从而得出 $S_{阴影} = S_{空白} = \dfrac{1}{2} S_{正方形ABCD} = \dfrac{1}{2}$。有了这个结论，我们在思路 3 中的探究就有了方向，就能够将结果推算出来。

例4 如图（1）所示，边长为1的两个等边 $\triangle A_1B_1C_1$、等边 $\triangle A_2B_2C_2$ 有相同的中心，并且 $A_2B_2 \perp B_1C_1$，这两个等边三角形的边相交于6点：A、B、C、D、E、F。试求六边形 $ABCDEF$ 的面积。

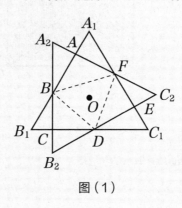

图（1）

思路1 虽然我们没有计算六边形 $ABCDEF$ 的面积的公式，不能直接计算六边形 $ABCDEF$ 的面积，但是可将其分解为若干个三角形，通过计算每个三角形的面积，再求和得其面积。

在图（1）中，连接 BD、DF、BF，这样就将六边形 $ABCDEF$ 分割成了4个三角形：$\triangle BCD$、$\triangle DEF$、$\triangle FAB$ 与 $\triangle BDF$。

探究这4个三角形的形状与相关的边长。

由于 $A_2B_2 \perp B_1C_1$，所以 $\triangle BCD$ 是直角三角形，进而又能判定 $\triangle DEF$ 与 $\triangle FAB$ 也是直角三角形。

但进一步的探究，就需要获知它们的边长，这样需要研究这两个等边三角形在六边形外侧的小三角形的形状和边长。因此，我们就会自然地转换到以下的思路2，来求六边形的面积。

思路2 通过观察，我们发现六边形 $ABCDEF$ 之外的6个三角形，它们看上去是全等的直角三角形。

如果上述猜测成立的话，只要能获得 $\mathrm{Rt}\triangle BCB_1$ 的两直角边的长，那么就可以

通过 $S_{\triangle A_1 B_1 C_1} - 3S_{\text{Rt}\triangle BCB_1} = S_{\text{六边形}ABCDEF}$ 来求出本题要求的面积。

对于 $\triangle BCB_1$ 与 $\triangle BAA_2$，它们有一对顶角，又各自有一个 $60°$ 的内角，因此它们相似；同理，图（2）中六边形 $ABCDEF$ 外的 6 个三角形两两相似，所以它们都是两个锐角（ $30°$ 和 $60°$ ）的直角三角形。

在图（2）中，连接 OB_1、OB_2 与 B_1B_2，由于 $OB_1 = OB_2$，所以 $\angle OB_1B_2 = \angle OB_2B_1$，并且 $\angle OB_1B = \angle OB_1C_1 = \dfrac{1}{2}\angle A_1B_1C_1 = 30°$，故在 $\triangle CB_1B_2$ 中，$\angle CB_1B_2 = \angle OB_1B_2 - 30°$，$\angle CB_2B_1 = \angle OB_2B_1 - 30°$，

进而有 $\angle CB_1B_2 = \angle CB_2B_1$，于是有 $CB_1 = CB_2$。

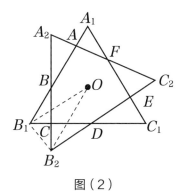

图（2）

所以 $\text{Rt}\triangle BCB_1 \cong \text{Rt}\triangle DCB_2$，同理有 $\text{Rt}\triangle BAA_2 \cong \text{Rt}\triangle FAA_1$，$\text{Rt}\triangle DEC_1 \cong \text{Rt}\triangle FEC_2$。

再来观察 $\text{Rt}\triangle BAA_2$ 与 $\text{Rt}\triangle DEC_1$，由于它们斜边分别为 $BA_2 = A_2B_2 - BB_2 = 1 - (BC + CB_2)$、$DC_1 = B_1C_1 - B_1D = 1 - (B_1C + CD)$；又由于 $BC = CD$、$B_1C = CB_2$，

故有 $BA_2 = DC_1$，从而 $\text{Rt}\triangle BAA_2 \cong \text{Rt}\triangle DEC_1$。

从而这 6 个直角三角形全部全等。

设 $B_1C = x$，则 $CD = \sqrt{3}x$，$DC_1 = 2x$，于是 $x + \sqrt{3}x + 2x = 1$；

所以 $x = \dfrac{1}{3 + \sqrt{3}}$，从而 $S_{\triangle BCB_1} = \dfrac{1}{2}x \cdot \sqrt{3}x = \dfrac{2\sqrt{3} - 3}{12}$。

从而有 $S_{\text{六边形}ABCDEF} = S_{\triangle A_1B_1C_1} - 3S_{\triangle BCB_1} = \dfrac{3 - \sqrt{3}}{4}$。

现在看来，顺着思路 1，借助思路 2 中的结论，也是可以用分割法求出六边形面积的。

事实上，思路 1 中将六边形分割成了 3 个全等的等腰直角三角形，还有一个等边三角形。其中等腰直角三角形的直角边长为 $\sqrt{3}x$，而等边三角形边长为 $\sqrt{6}x$，于是 $S_{六边形ABCDEF} = 3 \cdot \frac{1}{2}(\sqrt{3}x)^2 + \frac{1}{2} \cdot \frac{\sqrt{3}}{2}(\sqrt{6}x)^2 = \frac{9+3\sqrt{3}}{2}x^2 = \frac{9+3\sqrt{3}}{2} \times \left(\frac{1}{3+\sqrt{3}}\right)^2 = \frac{3}{2(3+\sqrt{3})} = \frac{3-\sqrt{3}}{4}$。

因此，本例探求的关键，是对六边形外的 6 个小三角形的形状与大小的探究。

（北京市初中数学竞赛试题）如图（1）所示，正方形 $ABCD$ 被两条与边平行的线段 EF、GH 分割成 4 个小矩形，P 是 EF 与 GH 的交点，若矩形 $PFCH$ 的面积恰好是矩形 $AGPE$ 面积的 2 倍，试确定 $\angle HAF$ 的大小，并证明你的结论。

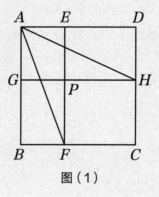

图（1）

思路分析

第1步 先确定 $\angle HAF$ 的大小，可以从特殊图形中来探求。

在图（2）中，考虑在正方形 $ABCD$ 中的 4 个小矩形中，当矩形 $AGPE$ 与矩形 $PFCH$ 均为正方形，并且仍有 $S_{正方形PFCH} = 2S_{正方形AGPE}$ 时，若设正方形 $AGPE$ 的边长为 x，正方形 $PFCH$ 的边长为 $\sqrt{2}x$，这样就可以确定 $\angle HAF$ 的大小了！

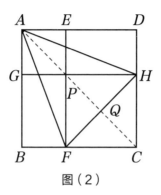

图（2）

连接正方形 $ABCD$ 的对角线 AC，设 AC 与 FH 相交于点 Q，点 P 也在 AC 上，由于 $AC \perp FH$，所以 $\triangle AQF$ 与 $\triangle AQH$ 均为直角三角形。

观察 4 个直角三角形：$Rt\triangle ABF$、$Rt\triangle AQF$、$Rt\triangle AQH$ 与 $Rt\triangle ADH$。

（Ⅰ）它们的斜边全部相等。

（Ⅱ）由于正方形 $PFCH$ 的边长为 $\sqrt{2}x$，则 $FH = 2x$，从而有 $BF = QF = QH = DH = x$。

因此，这 4 个直角三角形都全等，从而获知 $\angle BAF = \angle QAF = \angle QAH = \angle DAH = 22.5°$，于是可以确定 $\angle HAF = 45°$。

第2步 在确定了 $\angle HAF = 45°$ 之后，如何证明当四边形 $AGPE$ 不是正方形时，其结论也成立呢？

考虑到 $\angle BAD = 90°$，就是要有 $\angle HAF = \angle BAF + \angle DAH$。

关于这一点，接下来有两种方案。

思路1 如图（3）所示，将 $\angle HAF$ 分成两部分，使得这两部分与 $\angle BAF$ 和 $\angle DAH$ 分别相等。

（Ⅰ）分法一：连 AP 并延长与 FH 交于点 Q_1，但是无法证明 $\angle BAF = \angle Q_1AF$ 与 $\angle Q_1AH = \angle DAH$。

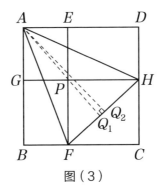

图（3）

（Ⅱ）分法二：过点 A 作 FH 的垂线，垂足设为 Q_2，但是不易证明 $\angle BAF = \angle Q_2AF$ 与 $\angle Q_2AH = \angle DAH$。

（Ⅲ）分法三：在线段 FH 上取一点 Q_3，使得 $\angle Q_3AF = \angle BAF$。同样不易证明 $\angle Q_3AH = \angle DAH$。

因此，将 $\angle HAF$ 分成两部分的方案不可取。

思路2 既然思路 1 行不通，那么我们就考虑将 $\angle BAF$ 与 $\angle DAH$ 合并起来，观察合并起来的角是否与 $\angle HAF$ 相等。

在图（4）中，我们考虑将 Rt$\triangle ADH$ 绕着 A 点顺时针方向旋转 $90°$，此时 D 点的对应点 D' 与 B 重合，设点 H 的对应点为 H'，于是 Rt$\triangle ADH$ 旋转成 Rt$\triangle AD'H'$，并且 $\angle BAF$ 与 $\angle DAH$ 合并成了 $\angle H'AF$，于是要证明 $\angle HAF = \angle H'AF$，而它可以通过证明 $\triangle HAF \cong \triangle H'AF$ 来完成。

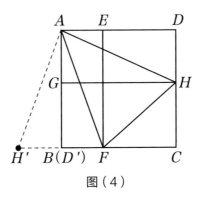

图（4）

观察 $\triangle HAF$ 与 $\triangle H'AF$，

①AF 是这两个三角形的公共边；

②$AH = AH'$；

③关键是考虑，如何才能求证 $FH = FH'$ 呢？

在图（5）中，设正方形 $ABCD$ 的边长为1，$AG = EP = DH = x_1$，$AE = GP = BF = y_1$；则 $BG = FP = CH = 1 - x_1$，$DE = HP = CF = 1 - y_1$。

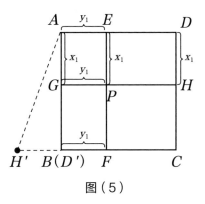

图（5）

这样，$FH' = x_1 + y_1$，$FH = \sqrt{(1-x_1)^2 + (1-y_1)^2}$。

于是要证：$x_1 + y_1 = \sqrt{(1-x_1)^2 + (1-y_1)^2}$，两边平方，并化简得：$x_1 y_1 + x_1 + y_1 = 1$，它成立吗？

这时，我们还有题设条件：$S_{矩形PFCH} = 2S_{矩形AGPE}$。

因此有：$(1-x_1)(1-y_1) = 2x_1 y_1$，所以 $1 - x_1 - y_1 + x_1 y_1 = 2x_1 y_1$。

化简得：$x_1 y_1 + x_1 + y_1 = 1$ 成立。

亦即有：$FH = FH'$，

从而有：$\triangle HAF \cong \triangle H'AF$。最终 $\angle HAF = 45°$ 成立。

说明　（1）在本例中的探求中，我们采用的方案是：先特殊化探路（确定 $\angle HAF$ 的大小），再一般化求证。

（2）另外，我们还获得了一个几何"模型"，如图（6）所示，即在正方形 $ABCD$ 中，点 E、F 分别在边 BC 与 CD 上，那么当 $\angle EAF = 45°$ 时，$BE + DF = EF$；反之，结论也成立。

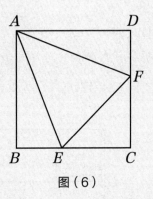

图（6）

例6

（北京市初中数学竞赛题）如图（1）所示，以 $\triangle ABC$ 的 3 边为边分别向形外作正方形 $ABDE$、正方形 $CAFG$、正方形 $BCHK$。连接 EF、GH、KD。求证：以 EF、GH、KD 为边可以构成一个三角形，并且所构成的三角形的面积等于 $\triangle ABC$ 的面积的 3 倍。

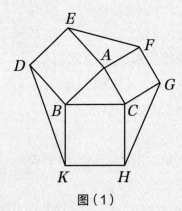

图（1）

思路分析

由于 EF、GH、KD 是分开的 3 边，它们怎样能围成三角形呢？这是我们必须要考虑的一个问题。

另一个问题是：面积是 $\triangle ABC$ 的面积 3 倍的三角形会是怎样的一个三角形？

以上两个问题，要先探究哪一个问题，将会产生两种不同的方案。

思路 1 ▶ 首先考虑三边 EF、GH、KD 围成三角形的问题。

我们可以将分散的三边，通过平移，组成一个三角形。

在图（2）中，过点 D 作 BC 的平行线 DP，并且使 $DP = BC$，亦即 $DP \perp BC$，由于正方形 $BCKH$，故同样有：$HK \perp BC$。

从而有平行四边形 $HKDP$，故 $DK \perp PH$。即将 DK 平移到 PH。

接下来我们很自然地就想到，应该有：$EF \perp PG$。

如果这样，则边 EF、GH 与 DK 就围成了 $\triangle PGH$。

那么，如何才能证明 $EF = PG$ 呢？

这需要我们在图（2）中，进一步完善图形的构造，从而给我们增加难度……

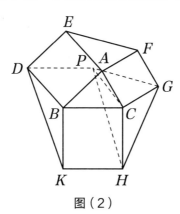

图（2）

思路 2 ▶ 在图（1）中，我们发现 $\triangle AEF$、$\triangle CHG$、$\triangle BKD$ 都与 $\triangle ABC$ 有两边分别对应相等，而且这两边夹的角还互补。

例如：$\triangle BKD$ 与 $\triangle BCA$，他们的边：$BK = BC$、$BD = BA$，而且 $\angle DBK + \angle ABC = 180°$。

而这样的两个三角形面积是相等的。

下面证明这一结论：

引理：如图（3）所示，设 $\triangle ABC$ 与 $\triangle AEF$，并且 $AB = AF$，$AC = AE$，以及 $\angle BAC + \angle EAF = 180°$，则 $S_{\triangle ABC} = S_{\triangle AEF}$。

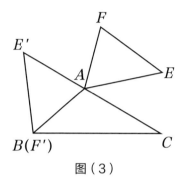

图（3）

 将 $\triangle AEF$ 绕着点 A 逆时针旋转到 AF 与 AB 重合，F 点的对应点 F' 与 B 重合；

由于 $\angle EAF + \angle BAC = 180°$，故此时，$AE'$ 恰好与 AC 共线。

这样，$\triangle AEF$ 旋转之后恰好为 $\triangle AF'E'$，于是 $\triangle AF'E'$ 与 $\triangle ABC$ 两个三角形在边 AC 与 AE' 上的高相同，又因为 $AC = AE'$，所以 $S_{\triangle ABC} = S_{\triangle AE'F'} = S_{\triangle AEF}$。

这样，图（1）中的 3 个三角形 $\triangle AEF$、$\triangle CGH$ 与 $\triangle BKD$ 都与 $\triangle ABC$ 同面积。

接下来，我们只要观察：这 3 个三角形拼接起来得到怎样的三角形？

由于这 3 个三角形的角 $\angle EAF + \angle GCH + \angle KBD$

$= (180° - \angle BAC) + (180° - \angle ACB) + (180° - \angle CBA)$

$= 3 \times 180° - (\angle BAC + \angle ACB + \angle CBA) = 360°$。

又因为：$BK = CH$，$BD = AE$，以及 $AF = CG$。

于是如图（4）所示，这 3 个三角形拼接起来，恰好就是以边 EF、GK、HD 为 3 边的三角形。它的面积 $\triangle ABC$ 是的 3 倍。

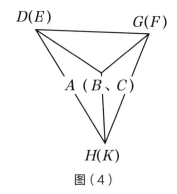

图（4）

（1）有两边对应相等，证明这两边夹角互补的三角形面积相等，如果利用三角形面积公式：$S_{\triangle} = \dfrac{1}{2}ab\sin C$ 来求证的话，它显然是成立的。

（2）思路1中后续 $EF = PG$ 的证明。只需在图（2）中连 PE，考查四边形是否为平行四边形？

由于 $PC \perp BD$，而 $BD \perp AE$，故 $PC \perp AE$。

所以四边形 $CAEP$ 是平行四边形，因此 $PE \perp AC$，又有 $AC \perp FG$。从而有 $FG \perp PE$。故四边形 $PEFG$ 为平行四边形。

于是 $EF \perp PG$。EF、GH 与 KD 就围成了 $\triangle PGH$。

关于其面积是 $\triangle ABC$ 的 3 倍，还须看思路 2 中的探讨。

例 7 如图（1）所示，梯形 $ABCD$ 中，$AD // BC$，$\angle A = 90°$，E 为 CD 的中点，并且 $BE = 13$，梯形 $ABCD$ 的面积为 120，那么 $AB + BC + DA$ 等于多少？

思路分析

在这里要求梯形上、下底及高的和，那么能否根据题设条件建立关于这个梯形的上、下底及高的方程组？沿着这个思路探索下去，就能找到解决该问题的方案。

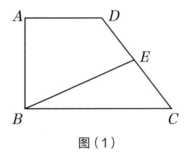

图（1）

第1步 根据题设条件，$S_{梯形ABCD}=120$。可设其上底、下底及高分别为a、b、c。

于是有：$\dfrac{1}{2}(a+b)c=120$。故 $(a+b)c=240$（1）。

但是仅有此式无法求出 $a+b+c$ 的值。

第2步 另外的两个题设条件：点 E 是 CD 的中点以及 $BE=13$，如何使用？

使用得当，就可以获知所求。

其实这里引进了 a、b、c 3 个量，如果要分别求出它们各为多少，还需要建立关于 a、b、c 的两个方程来组成三元方程组。

但是题中只需要求出它们的和，因此我们只需要建立 a、b、c 的另一个关系式。

在图（2），延长 BE，与 AD 的延长线相交于点 F，再连接 BD 与 CF。

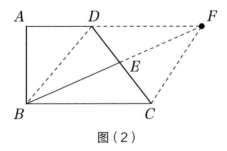

图（2）

由于 $AD//BC$，所以 $\triangle BEC \backsim \triangle FED$。

又因为 $CE=DE$，故 $\triangle BEC \cong \triangle FED$。

从而：$BC=DF$，$AF=a+b$。

由于 $BE=13$，故 $BF=BE+EF=2BE=26$。

观察 Rt$\triangle ABF$，

它的两直角边：$AB = c$，$AF = a + b$；

它的斜边：$BF = 26$。

于是由勾股定理得：$(a+b)^2 + c^2 = 26^2$。

将（1）式与（2）式联立得：$\begin{cases} (a+b)c = 240 & （1） \\ (a+b)^2 + c^2 = 26^2 & （2） \end{cases}$

由（1）×2＋（2）：$(a+b)^2 + 2(a+b)c + c^2 = 26^2 + 2 \times 240$

从而 $(a+b+c)^2 = 1156 = 34^2$。

因此，$a + b + c = 34$。即 $AB + BC + DA = 34$。

说明　回顾以上探求过程，其实是用代数的方法解决几何问题。对于在平面几何中，求"度量"（即长度、面积、角度等）的问题，这是一种有效的方法。

例8　如图（1）所示，设在四边形$ABCD$中，P_1、P_2、P_3是边AD的四等分点，Q_1、Q_2、Q_3是边BC的四等分点。求证：四边形$P_1P_3Q_3Q_1$的面积等于四边形$ABCD$面积的一半。

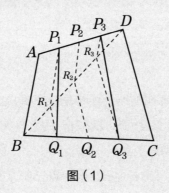

图（1）

思路1　要证明结论成立，就是要证明：

$S_{四边形ABQ_1P_1} + S_{四边形CDP_3Q_3} = S_{四边形P_1P_3Q_3Q_1}$。

连接 BD，设 R_1、R_2、R_3 是其四等分点，

再连接 P_1R_1、P_2R_2、P_3R_3，R_1Q_1、R_2Q_2、R_3Q_3。

于是有：$P_3R_3//P_2R_2//P_1R_1//AB$，$R_1Q_1//R_2Q_2//R_3Q_3//CD$

这就不难求证：$S_{\triangle DP_3R_3} + S_{四边形ABR_1P_1} = S_{四边形P_1R_1R_3P_3}$，

$S_{\triangle BR_1Q_1} + S_{四边形CDR_3Q_3} = S_{四边形R_1R_3Q_3Q_1}$。

于是对照图（1），结论的证明就转化为：证明 $S_{\triangle P_1R_1Q_1} = S_{\triangle P_3R_3Q_3}$。

观察 $\triangle P_1R_1Q_1$ 与 $\triangle P_3R_3Q_3$，我们可以发现：$\angle P_1R_1Q_1 = \angle P_3R_3Q_3$。

除此之外，我们似乎一时得不到能证明这两个三角形面积相等的条件。

因此，需要转换思路来探究这个问题。

思路2 ▶ 在图（2）中，连 AQ_1、Q_1P_2、P_2Q_3 与 DQ_3。

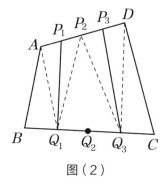

图（2）

由于点 P_1 是 AP_2 的中点，点 P_3 是的 P_2D 中点，所以 $S_{\triangle Q_1AP_1} = S_{\triangle Q_1P_1P_2}$ 且 $S_{\triangle Q_3P_2P_3} = S_{\triangle Q_3P_3D}$。

于是对照图（2），要证明的结论可转化为证明 $S_{\triangle ABQ_1} + S_{\triangle DQ_3C} = S_{\triangle P_2Q_1Q_3}$。

在图（3）中，分别过点 A、P_2、D 作 BC 的垂直线，垂足分别为 H_1、H_2、H_3，由于 AH_1、P_2H_2、DH_3 均垂直于 BC，故有：

$AH_1//P_2H_2//DH_3$，又因为 P_2 是 AD 的中点，所以四边形 AH_1H_3D 是直角梯形，而 P_2H_2 是它的中位线，从而有：$AH_1 + DH_3 = 2P_2H_2$。

再考虑到 $BQ_1 = Q_3C = \frac{1}{2}Q_1Q_3$。而且 $S_{\triangle ABQ_1} = \frac{1}{2}BQ_1 \cdot AH_1$，

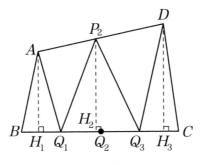

图（3）

$$S_{\triangle DQ_3C} = \frac{1}{2}Q_3C \cdot DH_3, \quad S_{\triangle P_2Q_1Q_3} = \frac{1}{2}Q_1Q_3 \cdot P_2H_2 = BQ_1 \cdot P_2H_2 \, 。$$

所以，$S_{\triangle ABQ_1} + S_{\triangle DQ_3C} = \frac{1}{2}BQ_1(AH_1 + DH_3) = BQ_1 \cdot P_2H_2 \, 。$

因此有：$S_{\triangle ABQ_1} + S_{\triangle DQ_3C} = S_{\triangle P_2Q_1Q_3} \, 。$

这样也就求证了：$S_{四边形P_1P_3Q_3Q_1} = \frac{1}{2}S_{四边形ABCD} \, 。$

说明

在计算三角形的面积时，我们有以下的公式。

设 $\triangle ABC$ 的 $\angle A$、$\angle B$、$\angle C$ 对应的边是 a、b、c，

则 $\triangle ABC = \frac{1}{2}ab\sin C = \frac{1}{2}bc\sin A = \frac{1}{2}ac\sin B \, 。$

利用这个公式，我们可以在思路 1 中继续推证：

由于 $\triangle DP_3R_3 \backsim \triangle DP_1R_1$ 且相似比为 $1:3$。

于是 $P_3R_3 = \frac{1}{3}P_1R_1$；同理 $R_1Q_1 = \frac{1}{3}R_3Q_3$。

这样 $S_{\triangle P_1R_1Q_1} = \frac{1}{2}P_1R_1 \cdot R_1Q_1 \sin \angle P_1R_1Q_1 = \frac{1}{2} \cdot 3P_3R_3 \cdot \frac{1}{3}R_3Q_3 \sin \angle P_1R_1Q_1$

$$= \frac{1}{2}P_3R_3 \cdot R_3Q_3 \sin \angle P_1R_1Q_1 \, 。$$

同样，$S_{\triangle P_3R_3Q_3} = \frac{1}{2}P_3R_3 \cdot R_3Q_3 \sin \angle P_3R_3Q_3 \, 。$

又因为：$\angle P_1R_1Q_1 = \angle P_3R_3Q_3$，故 $S_{\triangle P_1R_1Q_1} = S_{\triangle P_3R_3Q_3}$，从而要证明的结论成立。

因此，沿着思路 1，利用以上的三角形面积公式，也可将本例的证明进行到底。

六、平面几何中的经典定理

（三角形中的欧拉公式）三角形的外心与内心之间的距离 d 、外接圆半径 R 和内切圆半径 r 之间有如下的关系： $d^2 = R^2 - 2Rr$ 。

思路分析

第1步 首先研究过两圆圆心的弦。

在图（1）中，设直线 OI 交 $\odot O$ 于 M 、 N 两点，再连接 AI ，其延长线交 $\odot O$ 于点 E 。

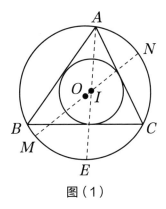

图（1）

在 $\odot O$ 内根据相交弦定理有： $IM \cdot IN = AI \cdot IE$ 。

设 $OI = d$ ，则 $IM = OI + OM = R + d, IN = ON - OI = R - d$ ，

于是 $AI \cdot IE = MI \cdot IN = (OM + OI) \cdot (ON - OI) = (R + d)(R - d) = R^2 - d^2$ （ ＊ ）

对比（ ＊ ）式与要证明的结论： $d^2 = R^2 - 2Rr$ 。

我们可将结论化归为证明： $AI \cdot IE = 2Rr$ 。

而它的证明是一个难点，如何突破呢？

第2步 由于 $AI \cdot IE = 2Rr \Leftrightarrow \dfrac{AI}{2R} = \dfrac{r}{IE}$ ，

关于这个比例式是否成立？我们能否通过三角形的相似，由相似比相等来获

证呢?

在图（2）中，点 D 是 AB 与 $\odot I$ 相切的切点，连接 EO 并延长与 $\odot O$ 相交于点 F，再连接 CF、IC、EC 与 ID。

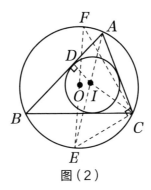

图（2）

由于 ID 是 $\odot I$ 过切点的半径，$\angle ECF$ 是 $\odot O$ 直径所对的圆周角，所以 $ID \perp AB$，$CE \perp FC$。

这样我们就得到了两个直角三角形：$\text{Rt}\triangle ADI$ 与 $\text{Rt}\triangle FCE$。

由于 $\angle CFE$ 与 $\angle CAE$ 是 $\odot O$ 同弧上的圆周角，并且 AE 是 $\angle BAC$ 的角平分线。

所以 $\angle CFE = \angle CAE = \angle DAI$。

因此 $\text{Rt}\triangle ADI \backsim \text{Rt}\triangle FCE$。

从而有：$\dfrac{AI}{EF} = \dfrac{ID}{CE}$，即 $\dfrac{AI}{2R} = \dfrac{r}{CE}$，

故有：$AI \cdot CE = 2Rr$。

对照第 1 步中要证明的 $AI \cdot IE = 2Rr$。

我们又可将问题化归为证明：$CE = IE$。

于是要证明：$\angle EIC = \angle ECI$。

由于 $\angle EIC = \angle IAC + \angle ICA = \dfrac{1}{2}(\angle BAC + \angle ACB)$，

而 $\angle ECI = \angle ICB + \angle ECB = \dfrac{1}{2}\angle ACB + \angle BAE = \dfrac{1}{2}(\angle BAC + \angle ACB)$，

因此，$\angle EIC = \angle ECI$，故 $CE = IE$。

从而 $AI \cdot IE = 2Rr$。

最终有 $d^2 = R^2 - 2Rr$。

说明 纵观以上证题过程,第1步的探证是比较容易想到的;难点在第2步之中,而构造出 Rt$\triangle ADI$ 与 Rt$\triangle FCE$ 相似是突破难点的关键。

例2 (蝴蝶定理)设 M 为圆内弦 PQ 的中点,过 M 作 ⊙O 的弦 AB 和 CD。设 AD 和 BC 各相交于 PQ 点 X 和 Y,则 M 是 XY 的中点。

思路分析

先作出符合题意的示意图(1),连接 OM、OX、OY,点 M 为弦 PQ 的中点,所以 $OM \perp PQ$。

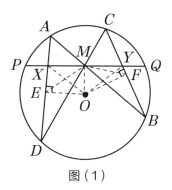
图(1)

因此要证明点 M 是 XY 的中点,就要证明:$\triangle OXY$ 是以圆心 O 为顶点的等腰三角形。

为此,我们就需要证明:$\angle OXM = \angle OYM$,或者 OM 是 $\angle XOY$ 的角平分线(即要证:$\angle MOX = \angle MOY$)。

第1步 过圆心 O 分别作弦 AD 与 CB 的垂线,垂足分别为 E、F,则 E、F 分别是弦 AD 与 CB 的中点。

考虑到 $OM \perp PQ$,故 O、M、X、E 四点共圆,O、F、Y、M 四点共圆。

从而有：$\begin{cases} \angle OXM = \angle OEM \\ \angle OYM = \angle OFM \end{cases}$

与 $\begin{cases} \angle MOX = \angle MEX \\ \angle MOY = \angle MFY \end{cases}$。

于是我们要证：$\angle OEM = \angle OFM$，或者是 $\angle MEX = \angle MFY$。

至此，我们的思路遇到了阻碍，如何跨越阻碍，继续推证下去呢？

第2步 当我们关注点 X 与 Y 分别是弦 AD、弦 CB 与弦 PQ 的交点时，就会发现：$\triangle MAD \backsim \triangle MCB$。

而我们又需要 $\angle MEX = \angle MFY$。

这样，就需要有：$\triangle EDM \backsim \triangle FBM$。

（1）这里有：$\angle B = \angle D$，

（2）由于 $\triangle AMD \backsim \triangle CMB$，所以 $\dfrac{AD}{CB} = \dfrac{DM}{BM}$。

再由于点 E、点 F 分别是 AD、BC 的中点。

所以 $\dfrac{DE}{BF} = \dfrac{\frac{1}{2}AD}{\frac{1}{2}CB} = \dfrac{DM}{BM}$。

综上（1）、（2）得：$\triangle EDM \backsim \triangle FBM$。

故 $\angle MED = \angle MFB$。

从而 $\angle MEX = \angle MFY$。

于是 $\angle MOX = \angle MOY$。

又因为 M 是 PQ 的中点，点 O 是圆心，故 $OM \perp PQ$。

所以 OM 是 $\triangle OXY$ 内角 $\angle XOY$ 的平分线，又是其边 XY 的高。

故 OM 又是 XY 边上的中线。

从而点 M 是 XY 的中点。

说明 蝴蝶定理有许多证明方法，也有其推广，读者可以加以研究。

（拿破仑定理）以任意三角形的三条边为边，向外构造 3 个等边三角形，则这 3 个等边三角形的外接圆圆心恰为另一个等边三角形的 3 个顶点。该等边三角形称为拿破仑三角形。

思路分析

先作出示意图图（1），并设 O_1、O_2、O_3 分别是等边三角形 ABD、等边三角形 BCE、等边三角形 ACF 的外接圆圆心（即各自等边三角形的中心）。现在要证明：$\triangle O_1 O_2 O_3$ 为等边三角形。

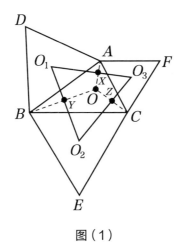

图（1）

◆**第1步**▶ 通过 $\triangle ABC$ 费马点来求证。

设点 O 是 $\triangle ABC$ 的费马点，连接 OA、OB、OC，则

$\angle AOB = \angle BOC = \angle COA = 120°$。

于是点 A、O、B、D 四点共圆，点 A、O、C、F 四点共圆，点 B、O、C、E 四点共圆，这 3 个圆的圆心分别是 O_1、O_2、O_3。

并且 OA 是 $\odot O_1$ 与 $\odot O_3$ 的公共弦；OB 是 $\odot O_1$ 与 $\odot O_2$ 的公共弦，OC 是 $\odot O_2$ 与 $\odot O_3$ 的公共弦。

于是 $O_1 O_3$ 垂直平分 OA（设垂足为 X），$O_1 O_2$ 垂直平分 OB（设垂足为 Y），

O_2O_3 垂直平分 OC（设垂足为 Z）。

从而有：四点 O、X、O_1、Y 四点共圆，又由于 $\angle XOY = 120°$，故 $\angle O_2O_1O_3 = 60°$；同理 $\angle O_1O_2O_3 = 60°$，于是 $\triangle O_1O_2O_3$ 是等边三角形。

推证至此，似乎证明完美完成了！

但仔细想一想，你会发现，当 $\triangle ABC$ 的一个内角大于或等于 $120°$ 时，其费马点就是这个钝角的顶点，而非 $\triangle ABC$ 内的一点。因此，这个证明不完善。

第2步 补上 $\triangle ABC$ 有一内角大于或等于 $120°$ 时的情况。

（1）如图（2）所示，当 $\angle BAC = 120°$ 时，B、A、F 三点共线，C、A、D 三点共线。于是 O_1、A、O_3 三点共线。$\odot O_1$ 与 $\odot O_3$ 相切于 A 点。连接 O_1O_2，连接 O_2O_3。

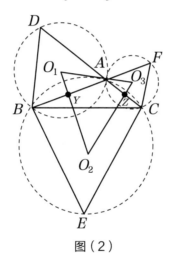

图（2）

于是 $O_1O_2 \perp AB$（设垂足为 Y），$O_2O_3 \perp AC$（设垂足为 Z），则 $\triangle AYO_1$ 与 $\triangle AZO_3$ 均为直角三角形，又由于 $\angle O_1AY = 30°$、$\angle O_3AZ = 30°$，故 $\angle O_1$ 与 $\angle O_3$ 均为 $60°$，故此时，$\triangle O_1O_2O_3$ 是等边三角形。

（2）如图（3）所示，当 $\angle A > 120°$ 时，设等边三角形 ABD 与等边三角形 ACF 的外接圆 $\odot O_1$ 与 $\odot O_3$ 相交于点 A 与点 P，连 PD 与 PF，则点 A、B、D、P 四点共圆，点 A、C、F、P 四点共圆。

所以 $\angle BPC = \angle BPA + \angle CPA = 60° + 60° = 120°$。

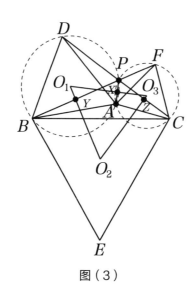

图（3）

故点 B、E、C、P 四点共圆，于是三圆 $\odot O_1$、$\odot O_2$ 与 $\odot O_3$ 相交于点 P。

弦 PB 是 $\odot O_1$ 与 $\odot O_2$ 的公共弦，故 $O_1O_2 \perp PB$（设垂足为 Y）；

同样有：$O_2O_3 \perp PC$（设垂足为 Z）；

从而点 O_2、Y、P、Z 四点共圆，故 $\angle O_2 = 60°$。

同理：O_1、Y、X、P 四点共圆，故 $\angle O_2O_1X = \angle YPX$，所以 $\angle O_1 = 60°$。因此 $\triangle O_1O_2O_3$ 是等边三角形。

 说明

（1）根据以上拿破仑定理的证明过程，我们可以知道：3 个等边三角形的外接圆 $\odot O_1$、$\odot O_2$、$\odot O_3$ 总是共点。①当 $\triangle ABC$ 为锐角三角形、直角三角形或钝角小于 $120°$ 的钝角三角形时，三圆共点于 $\triangle ABC$ 内；②当 $\triangle ABC$ 的一个顶角为 $120°$ 时，三圆共点于该顶点；③当 $\triangle ABC$ 的一个顶角大于 $120°$ 时，三圆共点于 $\triangle ABC$ 外。

（2）应用正弦定理、余弦定理，可以直接计算出 $\triangle O_1O_2O_3$ 的三边长的平方（用 $\triangle ABC$ 的边长与内角表示）。

再利用三角函数公式可以推算出这 3 边的平方相等，从而证明拿破仑定理。

此种方法，我们留给有兴趣的读者来完成。

（梅涅劳斯定理）如图（1）所示，一直线交 $\triangle ABC$ 的三边 BC、CA、AB 或其延长线于 D、E、F 三点，则 $\dfrac{BD}{DC} \cdot \dfrac{CE}{EA} \cdot \dfrac{AF}{FB} = 1$。

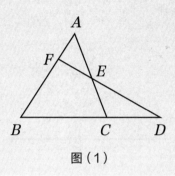

图（1）

思路分析

我们发现要证明等式左边有 3 个连乘的比值结构。那么，我们该如何处理比值问题呢？

思路1 我们可以将边的比值转化为面积之比来处理比值问题。

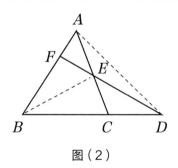

图（2）

如图（2）所示，连接 BE、AD，则 $\dfrac{BD}{DC} = \dfrac{S_{\triangle EBD}}{S_{\triangle EDC}}$ ①，$\dfrac{CE}{EA} = \dfrac{S_{\triangle EDC}}{S_{\triangle EAD}}$ ②，$\dfrac{AF}{FB} = \dfrac{S_{\triangle EAD}}{S_{\triangle EBD}}$ ③

将上述①、②、③式相乘，即证 $\dfrac{BD}{DC} \cdot \dfrac{CE}{EA} \cdot \dfrac{AF}{FB} = 1$。

思路2 我们还可以利用相似或者平行线分线段成比例的方法处理比值问题。

如图（3）所示，过点 C 作 $CG/\!/DF$ 交 AB 于点 G，则 $\dfrac{BD}{DC}=\dfrac{BF}{GF}$ ①，$\dfrac{CE}{EA}=\dfrac{GF}{AF}$ ②。

将上述①、②式相乘整理，即证 $\dfrac{BD}{DC}\cdot\dfrac{CE}{EA}\cdot\dfrac{AF}{FB}=1$。

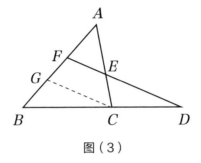

图（3）

思路 3 下面再介绍单壿教授在他著作《平面几何中的小花》的构造相似三角形处理比值方法。

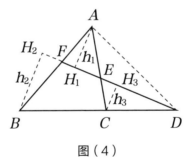

图（4）

如图（4）所示，设点 A、B、C 到直线 DF 的距离分别记为 h_1、h_2、h_3，分别过点 A、B、C 向直线 DF 作垂线，垂足为 H_1、H_2、H_3，则 $\dfrac{BD}{DC}=\dfrac{h_2}{h_3}$ ①，由于 $\text{Rt}\triangle CH_3E\backsim\text{Rt}\triangle AH_1E$，则 $\dfrac{CE}{EA}=\dfrac{h_3}{h_1}$ ②，又由于 $\text{Rt}\triangle AH_1F\backsim\text{Rt}\triangle BH_2F$，故 $\dfrac{AF}{FB}=\dfrac{h_1}{h_2}$ ③。

上述①、②、③式相乘即 $\dfrac{BD}{DC}\cdot\dfrac{CE}{EA}\cdot\dfrac{AF}{FB}=1$。

说明（1）如何记住定理等式左边的 3 个连乘的比值是很重要的。

（2）在图（4）中除了 △ABC，还有 3 个三角形，分别是 △AEF、△CDE 和 △BDF。例如，我们以 △BDF 为立足点，则梅涅劳斯定理可以写成：直线 AC 与 △BDF 的三边 BF、FD、BD 或其延长线交于 A、E、C 三点，则 $\dfrac{BC}{CD} \cdot \dfrac{DE}{EF} \cdot \dfrac{FA}{AB} = 1$。

（3）梅涅劳斯定理的逆定理也是成立的，内容如下。

如图（5）所示，点 E、F 分别在 △ABC 边 CA、AB 上，点 D 在 △ABC 边 BC 的延长线上，若 $\dfrac{BD}{DC} \cdot \dfrac{CE}{EA} \cdot \dfrac{AF}{FB} = 1$，则 D、E、F 三点共线。其证明过程留给读者自己独立完成。事实上，就是与梅涅劳斯定理所得结论"同一"，即由直线 DE 截 △ABC，设直线 DE 与 AB 交于点 F'，有 F 与 F' 重合。

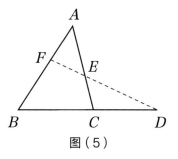

图（5）

（塞瓦定理）如图（1）所示，点 D、E、F 分别在 △ABC 边 BC、CA、AB 上，且 AD、BE、CF 交于点 G，则 $\dfrac{BD}{DC} \cdot \dfrac{CE}{EA} \cdot \dfrac{AF}{FB} = 1$。

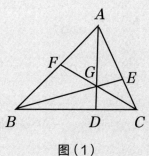

图（1）

思路分析

我们发现要证明等式与梅涅劳斯定理形式相同，等式左边也是 3 个连乘的比值结构。对于处理比值问题我们仍然可以参照证明梅涅劳斯定理的方法。

思路1 ▶ 我们可以借助面积之比处理比值问题。

$$\frac{BD}{DC}=\frac{S_{\triangle GAB}}{S_{\triangle GAC}}①,\quad \frac{CE}{EA}=\frac{S_{\triangle GBC}}{S_{\triangle GAB}}②,\quad \frac{AF}{FB}=\frac{S_{\triangle GAC}}{S_{\triangle GBC}}③,$$

将上述①、②、③式相乘，即 $\frac{BD}{DC}\cdot\frac{CE}{EA}\cdot\frac{AF}{FB}=1$。

思路2 ▶ 我们还可以利用相似或者平行线分线段成比例的方法处理比值问题。

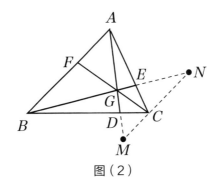

图（2）

如图（2）所示，过点 C 作 AB 的平行线分别交 AD、BE 延长线于点 M、N，

则 $\frac{BD}{DC}=\frac{AB}{CM}①,\quad \frac{CE}{EA}=\frac{CN}{AB}②,\quad \frac{AF}{FB}=\frac{CM}{CN}③,$

上述①、②、③式相乘即证。

思路3 ▶ 我们还可以利用梅涅劳斯定理处理比值问题，可谓现学现用。

由 FGC 截 $\triangle ABD$ 得 $\frac{AF}{FB}\cdot\frac{BC}{CD}\cdot\frac{DG}{GA}=1①,$

由 EGB 截 $\triangle ACD$ 得 $\frac{AG}{GD}\cdot\frac{DB}{BC}\cdot\frac{CE}{EA}=1②,$

上述①、②式相乘即证。

在利用梅涅劳斯定理处理比值问题时，一定要选好截线与被截三角形。

说明

（1）如何记住定理等式左边的 3 个连乘的比值是很重要的。我们把立足三角形的 3 个顶点记为起点，三角形三边（三边所在直线）上的点记为分点。首先我们先任意选择一个起点，再选择过这个起点直线上的一个分点，这样我们得到一条线段，然后再由分点回到这条直线上的另一起点，我们又得到一条线段，这两条线段的比值，就是我们要找的。重复 3 次即可写出定理内容了，例如，我们选择点 A 为起点，过 A 的一条直线 AB，那么这条直线上分点为点 F，另一起点为点 B，这样我们可得比值 $\dfrac{AF}{FB}$，如果我们继续下去，就可以写出

$$\frac{AF}{FB} \cdot \frac{BD}{DC} \cdot \frac{CE}{EA} = 1。$$

（2）我们要变换对图形认识的立足点，图（2）中除了 $\triangle ABC$ 外，还有 3 个三角形，分别是 $\triangle GAB$、$\triangle GBC$ 和 $\triangle GCA$。例如，我们以 $\triangle GAB$ 为立足点，边 AB、BG、GA 所在直线上有点 F、E、D，且 GF、BD、AE 交于点 C，则 $\dfrac{AF}{FB} \cdot \dfrac{BE}{EG} \cdot \dfrac{GD}{DA} = 1$。以另外两个三角形为立足点的塞瓦定理留给读者自己完成。

（3）塞瓦定理的逆定理也是成立的，内容如下。

在图（3）中，点 D、E、F 分别在 $\triangle ABC$ 边 BC、CA、AB 上，且 $\dfrac{BD}{DC} \cdot \dfrac{CE}{EA} \cdot \dfrac{AF}{FB} = 1$，证明 AD、BE、CF 交于点 G。

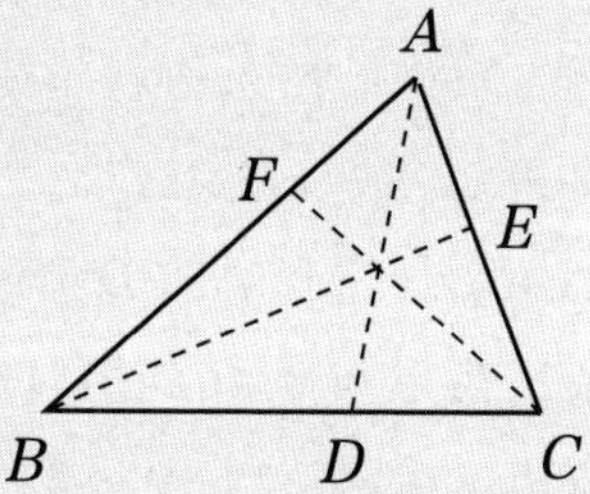

图（3）

其证明过程留给读者自己独立完成。（提示：同一法证明）

例 6　（托勒密定理）如图（1）所示，在圆内接四边形 $ABCD$ 中，则 $AC \cdot BD = AB \cdot CD + BC \cdot AD$。

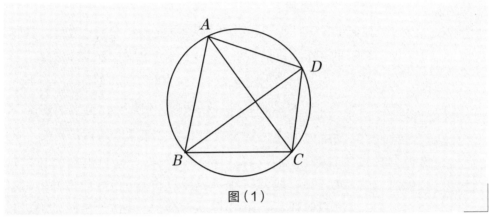

图（1）

思路分析

要证明圆内接四边形的对角线乘积等于四边形对边乘积之和，我们该如何处理乘积问题？如何把一组乘积拆分成两个乘积之和的形式？

思路1 ▶ 根据所要证明的等式，我们可以把对角线乘积拆分成两个乘积之和分别与对边乘积对应相等。

对于乘积问题，我们可以构造相似，相似对应边成比例。那么构造相似时，乘积的两条边就不能为对应边，必须为交叉边。对于 $AB \cdot CD$，我们可以将边 CD 放在 $\triangle ACD$、$\triangle BCD$，这两个三角形可以任意选取。如果我们选择 $\triangle ACD$（选择 $\triangle BCD$ 情形留给读者自己独立完成），那么我要以 AB 为边构造一个三角形与 $\triangle ACD$ 相似，并且 AB、CD 不能为对应边。在图（2）中，我们发现 $\angle ABD = \angle ACD$（同弧所对圆周角相等），所以我们可以在对角线 BD 上取点 E，使得 $\angle BAE = \angle CAD$，这样我们就可以构造出 $\triangle ABE \backsim \triangle ACD$，并且 AB、CD 不是对应边，由相似得 $AB \cdot CD = AC \cdot BE$①；并且又容易证明 $\triangle ABC \backsim \triangle AED$（$\angle ACB = \angle ADE$，$\angle ABC = 180° - \angle ADC = 180° - \angle AEB = \angle AED$），得 $BC \cdot AD = AC \cdot ED$②。由①、②相加即证。

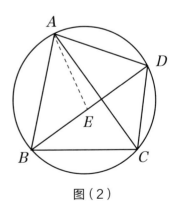

图（2）

思路2 对于乘积问题，我们还可以想到面积公式 $S_{\triangle ABC} = \dfrac{1}{2}CA \cdot CB \cdot \sin \angle ACB$。
那么问题来了，AB 与 CD 及 AD 与 BC 不都在一个三角形中，无法利用面积公式处理，那么，我们就通过几何变换，将分散的线段放在一个三角形中，这样就可以利用面积公式将所证的乘积结构表示出来。

在图（3）中，作 $AA'/\!/BD$ 交圆于另一点 A'（作点 A 关于 BD 中垂线的对称点 A'），由对称性，$A'D = AB$，$AD = A'B$，故 $AB \cdot CD = A'D \cdot CD$，$BC \cdot AD = BC \cdot A'B$，易证 $S_{ABCD} = S_{A'BCD} = S_{\triangle A'BC} + S_{\triangle A'DC}$。设 AC、BD 的夹角为 α，则 α 等于弧 AB 与弧 CD 度数和的一半，即等于弧 $A'D$ 与弧 CD 度数和的一半，所以 $\angle A'BC = \alpha$，此时 $\angle A'DC = 180° - \alpha$。

由面积公式得

$$\frac{1}{2} AC \cdot BD \cdot \sin \alpha = \frac{1}{2} A'B \cdot BC \cdot \sin \alpha + \frac{1}{2} A'D \cdot CD \cdot \sin(180° - \alpha)。$$

即 $AC \cdot BD = AB \cdot CD + BC \cdot AD$。

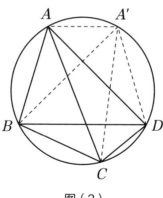

图（3）

说明

（1）如果我们弱化条件将圆内接四边形改成一般的凸四边形，我们可以得到广义托勒密定理。

广义托勒密定理：如图（4）所示，在凸四边形 $ABCD$ 中，则 $AC \cdot BD \leqslant AB \cdot CD + BC \cdot AD$。

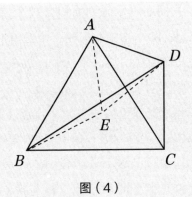

图（4）

我们可以采用思路 1 的构造方法来证明广义托勒密定理。

证明：在平面上取一点 E，使得 $\triangle ABE \backsim \triangle ACD$，得 $AB \cdot CD = AC \cdot BE$①，且 $\dfrac{AB}{AC} = \dfrac{AE}{AD}$。

又因为 $\angle BAC = \angle EAD$，所以 $\triangle ABC \backsim \triangle AED$，得 $BC \cdot AD = AC \cdot ED$②。

由①、②相加得 $AB \cdot CD + BC \cdot AD = AC(BE + ED) \geqslant AC \cdot BD$。

取得等号的条件是点 E 在对角线 BD 上，此时 $\angle ABD = \angle ABE = \angle ACD$，所以四边形 $ABCD$ 为圆内接四边形。

（2）根据广义托勒密定理的等号成立时，我们可以说明 $ABCD$ 为圆内接四边形。所以托勒密定理的逆定理也是成立的。

（托勒密定理的逆定理）在凸四边形 $ABCD$ 中，$AC \cdot BD = AB \cdot CD + BC \cdot AD$，则 A、B、C、D 四点共圆。

例 7　（西姆松定理）如图（1）所示，从 $\triangle ABC$ 外接圆上一点 P 作 BC、CA、AB 的垂线，垂足分别为 D、E、F，求证：D、E、F 三点共线。

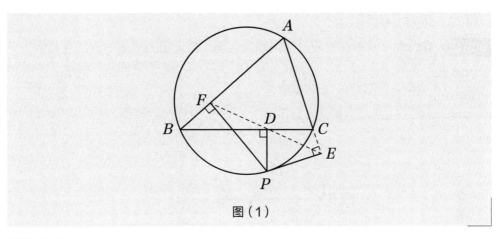

图（1）

思路分析

我们知道两点确定一条直线，所以三点共线问题是我们经常要面对的问题，那么该如何处理三点共线呢？

思路 1 我们可以考虑三点构成一个角，如果能证明这个为平角，我们就可以说明这三点共线了。或我们另选择一直线，以选择的直线为参考方向，考察三点中任意两点确定的方向与所选直线的方向的关系，来说明三点共线问题。

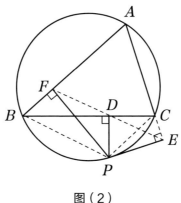

图（2）

要证明 D、E、F 三点共线，就是要证明 $\angle PDF + \angle PDE = 180°$。如图（2）所示，连接 PB、PC，根据四边形 $PBFD$、$PDCE$ 为圆内接四边形，且 P、B、A、C 四点共圆，$\angle PCE = \angle PBA$，所以 $\angle PDF + \angle PDE = \angle PDF + \angle PCE =$

$\angle PDF + \angle PBA = 180°$。

思路2 我们也可以考虑梅涅劳斯定理逆定理，要证明 D 、E 、F 三点共线，只要证明 $\dfrac{BD}{DC} \cdot \dfrac{CE}{EA} \cdot \dfrac{AF}{FB} = 1$。

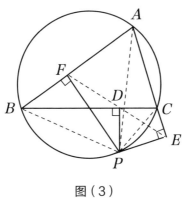

图（3）

在图（3）中，连接 PA 、PB 、PC ，易证 $\triangle PBF \backsim \triangle PCE$ ，$\triangle PBD \backsim \triangle PAE$ ，$\triangle PAF \backsim \triangle PCD$ ，则 $\dfrac{CE}{FB} = \dfrac{PC}{PB}$ ①；$\dfrac{BD}{EA} = \dfrac{PB}{PA}$ ②；$\dfrac{AF}{DC} = \dfrac{PA}{PC}$ ③，由①、②、③相乘得 $\dfrac{BD}{DC} \cdot \dfrac{CE}{EA} \cdot \dfrac{AF}{FB} = 1$ 。

思路3 要证明 D 、E 、F 三点共线，就是证明 $EF = DE + DF$ 。（结合具体图形，否则要引入有向线段）

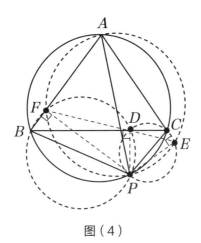

图（4）

依据条件，很容易得到四边形 $PBFD$、$PDCE$、$PEAF$ 为圆内接四边形，如图（4）所示，我们设 $\triangle ABC$ 外接圆半径为 R。

则由于 P、E、A、F 共圆且直径为 PA，根据正弦定理有 $\dfrac{EF}{\sin \angle BAC} = PA$，而

$EF = PA \cdot \sin \angle BAC = PA \cdot \dfrac{BC}{2R}$ ①；同理，$DE = PC \cdot \sin \angle ACB = PC \cdot \dfrac{AB}{2R}$ ②；$DF = PB \cdot \sin \angle ABC = PB \cdot \dfrac{AC}{2R}$ ③；

由①、②、③得 $EF = DE + DF \Leftrightarrow PA \cdot BC = PC \cdot AB + PB \cdot AC$。

由托勒密定理得 $PA \cdot BC = PC \cdot AB + PB \cdot AC$，所以 $EF = DE + DF$。

说明　　（1）通过思路 3，我们把托勒密定理与西姆松定理紧密地联系在一起，这样有助于更好理解并掌握西姆松定理与托勒密定理。

（2）我们发现西姆松定理也是可逆的。

（西姆松定理的逆定理）如图（5）所示，从平面上一点 P 作 $\triangle ABC$ 三边 BC、CA、AB 的垂线，垂足分别为 D、E、F。若 D、E、F 三点共线，则点 P 在 $\triangle ABC$ 的外接圆上。

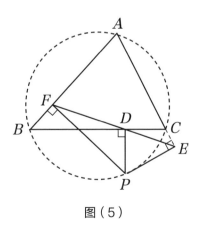

图（5）

根据证明西姆松定理的 3 个思路，西姆松定理逆定理的证明就留给读者自己独立完成吧。

七、IMO 中的平面几何题选讲

例 1 （2018 年·IMO·一）设 Γ 是锐角三角形 ABC 的外接圆，点 D 和 E 分别在线段 AB、AC 上，使得 $AD = AE$，BD 和 CE 的垂直平分线和圆 Γ 上劣弧 AB、AC 分别交于点 F、G。证明：DE 和 FG 重合或平行。

思路分析

先作符合题意的示意图（1），设点 M、N 分别是 BD、CE 的中点，则 $FM \perp BD$、$GN \perp CE$，连接 BF、FD、CG、EG、DE、FG。

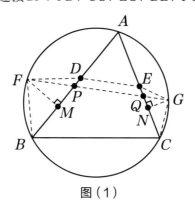

图（1）

要证明：DE 与 FG 重合或平行。

思路 1 设 FG 分别与 AB、AC 相交于点 P、Q，于是可将要证明的结论转化为 $AP = AQ$，即要证：$\angle APQ = \angle AQP$。再转化为证明：$\mathrm{Rt}\triangle FMP \backsim \mathrm{Rt}\triangle GNQ$。

但如何证明这两个直角三角形相似？我们遇到了瓶颈，一时无法突破，只能转换思路。

思路 2 在思路 1 中，要证明：$\angle APG = \angle AQF$，由于 $2\angle APG = \overset{\frown}{BF}$ 的弧度 $+ \overset{\frown}{AG}$ 的弧度，$2\angle AQF = \overset{\frown}{AF}$ 的弧度 $+ \overset{\frown}{CG}$ 的弧度。

从而转化为要证明：$\overset{\frown}{BF} + \overset{\frown}{AG} = \overset{\frown}{AF} + \overset{\frown}{CG}$。

也就是要证明：$\overset{\frown}{AF} - \overset{\frown}{BF} = \overset{\frown}{AG} - \overset{\frown}{CG}$。

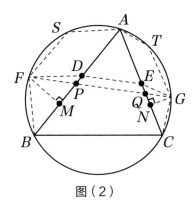

图（2）

于是我们在图（2）中，过点 F、G 分别作 AB 与 AC 的平行线，分别交圆 Γ 于点 S、点 T，所以 $FS // AB$ 与 $GT // AC$。

故 $\overset{\frown}{BF} = \overset{\frown}{AS}$。同样也有 $\overset{\frown}{AT} = \overset{\frown}{CG}$。因此 $\overset{\frown}{AF} - \overset{\frown}{BF} = \overset{\frown}{SF}$，$\overset{\frown}{AG} - \overset{\frown}{CG} = \overset{\frown}{TG}$。这样就需要证：$\overset{\frown}{SF} = \overset{\frown}{TG}$。

考虑到：$FS // AB$，故 $\angle FBA = \angle SAB$，又由于 FM 是 BD 的中垂线，所以 $\angle FBA = \angle FDB$。于是 $\angle FDB = \angle SAB$，因此 $FD // SA$。所以四边形 $ADFS$ 是平行四边形。同理，四边形 $AEGT$ 也是平行四边形。

又由题设条件 $AD = AE$ 可以知道：$FS = GT$。

故 $\overset{\frown}{FS} = \overset{\frown}{TG}$。

这样我们就有：$\overset{\frown}{AF} - \overset{\frown}{BF} = \overset{\frown}{AG} - \overset{\frown}{CG}$。

最终有 $\angle APQ = \angle AQP$。因此 DE 与 PQ 平行或重合。

思路3 再看图（3）中，如果 DE 与 FG 不重合，延长 FD 与 GE，它们相交于点 X，并且连接 TS。

再研究当 DE 与 FG 不重合时，是否有 $DE // FG$？

探求是否有 $\dfrac{XD}{DF} = \dfrac{XE}{EG}$？

思路 2 中，已经有：平行四边形 $AEGT$ 与平行四边形 $ADFS$。

因此有：$FS = AD = AE = TG$。

所以有：$FG // ST$。

这样 $\triangle AST$ 与 $\triangle XFG$ 有 3 对对应边分别平行，

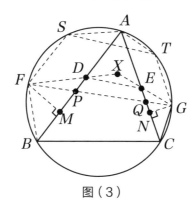

图（3）

因此有：$\triangle AST \backsim \triangle XFG$。

设 $AS = DF = m$，$AT = EG = n$。

于是 $\dfrac{XD + m}{m} = \dfrac{XE + n}{n}$，所以 $\dfrac{XD}{m} = \dfrac{XE}{n}$，$\dfrac{XD}{DF} = \dfrac{XE}{EG}$。

从而有：$DE // FG$，即 $DE // PQ$，于是要证的结论成立。

说明　现在再来思考，思路 1 中的瓶颈能否突破呢？

由于 $ST // FG$，

进而有 $\angle SFG = \angle TGF$，

考虑到 $\angle SFG = \angle FPM$，$\angle TGF = \angle GQN$，

于是 $\angle FPM = \angle GQN$，

这样，思路 1 中证明的瓶颈也就突破了！

例 2　（2007 年·IMO·四）如图（1）所示，在 $\triangle ABC$ 中，$\angle BCA$ 的平分线与 $\triangle ABC$ 的外接圆交于点 R，与边 BC 的垂直平分线 PK 交于点 P，

与边 AC 的垂直平分线 OL 交于点 Q，设 K、L 分别是边 BC、AC 的中点，证明：$\triangle RPK$ 和 $\triangle RQL$ 面积相等。

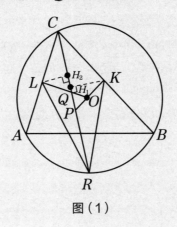

图（1）

思路分析

为了证明：$S_{\triangle RPK} = S_{\triangle RQL}$，就需要考虑这两个三角形的面积如何计算。选择哪条边作底，对应的高又是哪条线段？

第1步 由于 $\triangle RPK$ 与 $\triangle RQL$ 的边 RP 与 RQ 共线，因此在求这两个三角形的面积时，首选 RP 与 RQ 作为底，那么，这两条边上的高又是什么线段呢？

过点 K 作 CR 的垂线，垂足为 H_1，再过点 L 作 CR 的垂线，垂足为 H_2，这样垂线段 KH_1 与 LH_2 可以分别作 $\triangle RPK$ 的边 RP 与 $\triangle RQL$ 的边 RQ 上的高。

因此 $S_{\triangle RPK} = \dfrac{1}{2} RP \cdot KH_1$、$S_{\triangle RQL} = \dfrac{1}{2} RQ \cdot LH_2$。

于是 $S_{\triangle RPK} = S_{\triangle RQL} \Leftrightarrow RP \cdot KH_1 = RQ \cdot LH_2 \Leftrightarrow \dfrac{KH_1}{LH_2} = \dfrac{RQ}{RP}$ ①。

由于 CR 是 $\angle ACB$ 的平分线，所以 $\angle LCQ = \angle KCP$。

从而有：$\mathrm{Rt}\triangle LCQ \backsim \mathrm{Rt}\triangle KCP$，又由于 KH_1 与 LH_2 是这两个相似三角形斜边上的高。因此，它们的比例就是相似比。

故 $\dfrac{KH_1}{LH_2} = \dfrac{CP}{CQ}$ ②。

对照①与②，需要证明：$\dfrac{RQ}{RP} = \dfrac{CP}{CQ}$③。

而③式的证明就是一道坎，阻挡在了我们的面前。如何跨越呢？

第2步 证明③式成立。

由于 $\dfrac{RQ}{RP} = \dfrac{CP}{CQ} \Leftrightarrow \dfrac{RP+PQ}{RP} = \dfrac{CQ+PQ}{CQ} \Leftrightarrow \dfrac{PQ}{RP} = \dfrac{PQ}{CQ} \Leftrightarrow RP = CQ$，

因此证明③式可以化归为证明：$RP = CQ$。

在图（2）中延长 PK 与 $\odot O$ 分别交于 E、F 两点，并设 $\odot O$ 的半径为 r。

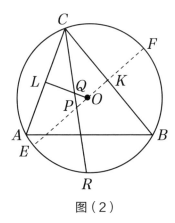

图（2）

由相交弦定理知：

$CP \cdot PR = PE \cdot PF = (r-OP)(r+OP) = r^2 - OP^2$ ④；

同理有：$CQ \cdot QR = r^2 - OQ^2$ ⑤。

观察 $\triangle OPQ$，由于 $\angle CPK = \angle CQL = \angle OQP$，故 $\triangle OPQ$ 是等腰三角形，$OP = OQ$。

于是由④、⑤可知：$CP \cdot RP = CQ \cdot QR$，

从而有：$(CQ+QP) \cdot RP = CQ \cdot (QP+PR)$，

所以：$QP \cdot RP = CQ \cdot QP$，因此 $RP = CQ$。

最终由第 1 步与第 2 步相结合，证明了 $S_{\triangle RPK} = S_{\triangle RQL}$。

在以上的证明过程中，真正的难点和关键点就是 $RP = CQ$ 的求证。

（2009·IMO·二）如图（1）所示，设点 O 是 $\triangle ABC$ 的外心，点 P、Q 分别是边 AB、CA 上的点。设点 K、L、M 分别是线段 BQ、CP、PQ 的中点，若 $\triangle KLM$ 的外接圆 $\odot O_1$ 与直线 PQ 相切，证明 $OP = OQ$。

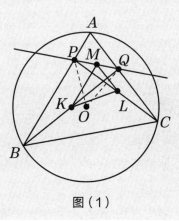

图（1）

思路1 由于点 M 是 PQ 的中点，所以可以将证明 $OP = OQ$ 转化为证明 $OM \perp PQ$。

考虑到 PQ 是的 $\triangle KLM$ 外接圆 $\odot O_1$ 的切线，因此 $\triangle KLM$ 外接圆的圆 O_1 与切点 M 的连线 $O_1M \perp PQ$。

于是就要证明：O、O_1 与 M 三点共线。

而这个结论的证明在现有条件下，理不清头绪，找不到有效的方案。

思路2 为了证明 $OP = OQ$，可以利用圆幂定理，利用现成的线段分别表示 OP 与 OQ，再看这两个表达式是否相等？

第1步 在图（2）中延长 OP，它分别与 $\odot O$ 相交于 T、S。

则有相交弦定理知：$AP \cdot PB = SP \cdot PT$。

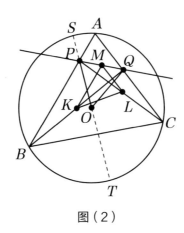

图（2）

若 $\odot O$ 的半径为 R，

则 $AP \cdot PB = (R - OP)(R + OP) = R^2 - OP^2$。

于是 $OP^2 = R^2 - AP \cdot PB$ ①，

同理有： $OQ^2 = R^2 - AQ \cdot QC$ ②。

对照①与②，如果我们能够证明： $AP \cdot PB = AQ \cdot QC$ 成立，则就有要证明的结论成立。

但是这里涉及的线段： AP、PB、AQ、QC，并非是两个相似三角形的两对对应线段。因此，我们的证明遇到了阻碍，很难推进下去⋯⋯

第2步 充分考虑其他还未利用的题设条件，来研究如何证明： $AP \cdot PB = AQ \cdot QC$ 。

由于点 M、K、L 分别是线段 PQ、BQ 与 CP 中点，所以 $2KM = PB$ 、$2LM = CQ$ 。

这样就可转化为证明： $AP \cdot KM = AQ \cdot LM$ 。

这时涉及的 4 条线段，它们都是 $\triangle APQ$ 与 $\triangle MLK$ 的边。

观察 $\triangle APQ$ 与 $\triangle MLK$，它们是否相似呢？

（1）由于 PQ 是 $\triangle MLK$ 外接圆的切线，所以有同弧上的弦切角与圆周角相等，故 $\angle KLM = \angle KMP$ 且 $\angle LKM = \angle LMQ$ 。

（2）由于 $KM /\!/ AB$，$LM /\!/ AC$，故 $\angle APQ = \angle KMP$，$\angle AQP = \angle LMQ$ 。

由（1）与（2）知： $\angle APQ = \angle KLM$ 、$\angle AQP = \angle LKM$ 。

从而有： $\triangle APQ \backsim \triangle MLK$ 。

于是 $\dfrac{AP}{LM} = \dfrac{AQ}{KM}$ ，因此 $AP \cdot KM = AQ \cdot LM$ ；又因为 $2KM=PB$、$2LM=CQ$，所以 $AP \cdot PB=AQ \cdot CQ$ 。

最终有： $OP^2 = OQ^2$ ，即 $OP = OQ$ 。

说明　在以上的证明过程中，有两个方面是关键的。一是应用圆幂定理获得： $OP^2 = R^2 - AP \cdot PB$ 与 $OQ^2 = R^2 - AQ \cdot QC$ ；二是发现了 $\triangle APQ \backsim$ $\triangle MLK$ 。正是由这两个方面的结合，才求证了本例题。

例 4　（2005 年·IMO·一）在等边三角形 ABC 3 条边上依下列方式选取 6 个点：在边 BC 上选取点 A_1、A_2，在边 CA 上选取点 B_1、B_2，在 AB 边上选取点 C_1、C_2，使得凸六边形 $A_1A_2B_1B_2C_1C_2$ 的边长都相等。证明： A_1B_2、B_1C_2、C_1A_2 共点。

思路 1　如图（1）所示，连 A_1B_1、B_1C_1、C_1A_1，得 $\triangle A_1B_1C_1$；再连 A_1B_2、B_1C_2、C_1A_2，于是要证明 A_1B_2、B_1C_2、C_1A_2 相交于一点，可以将其转化为证明： A_1B_2、B_1C_2 与 C_1A_2 均为 $\triangle A_1B_1C_1$ 的高所在的直线上。

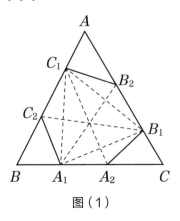

图（1）

观察 A_1B_2 与 B_1C_1 是否垂直？考虑到 $\triangle B_2B_1C_1$ 是等腰三角形，因此，如果 $A_1B_1 = A_1C_1$，就有 $A_1B_2 \perp B_1C_1$。

同样的也需要有：$A_1B_1 = B_1C_1$，因此要证明：$\triangle A_1B_1C_1$ 是等边三角形。

进而要证明：3 个等腰三角形 $\triangle A_1A_2B_1$、$\triangle B_1B_2C_1$、$\triangle C_1C_2A_1$ 全等。

于是又可转化为证明：它们的顶角相等，

即要证：$\angle CA_2B_1 = \angle AB_2C_1 = \angle BC_2A_1$。

又由于 $\triangle ABC$ 是等边三角形且 $A_2B_1 = B_2C_1 = C_2A_1$，

最终要证明：$\triangle CA_2B_1 \cong \triangle AB_2C_1 \cong \triangle BC_2A_1$，

而这 3 个三角形的全等不易求证。因此，对本例的求证还需要另想办法。

思路 2 在图（2）中，过点 A_1 作 A_1P 平行于 AB，过点 C_1 作 C_1P 平行于 A_1C_2，这两条线相交于点 P。连接 A_2P、B_2P。

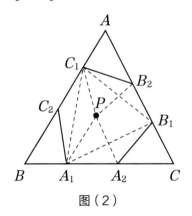

图（2）

由于六边形 $A_1A_2B_1B_1C_1C_2$ 的 6 条边都相等，所以我们得到：菱形 $A_1C_2C_1P$、等边三角形 A_1A_2P、菱形 $A_2B_1B_2P$ 与等边三角形 B_2C_1P。

再连 A_1B_1、B_1C_1 与 A_1C_1，如果 $A_1B_1 = B_1C_1$，则四边形 $A_1B_1C_1C_2$ 就是一个筝形，它们的对角线 A_1C_1 与 B_1C_2 垂直。

观察 $\angle A_1A_2B_1$ 与 $\angle B_1B_2C_1$，

由于 $\angle A_1A_2B_1 = 60° + \angle B_1A_2P$、$\angle B_1B_2C_1 = 60° + \angle B_1B_2P$；

由于 $\angle B_1A_2P$ 与 $\angle B_1B_2P$ 是菱形 $A_2B_1B_2P$ 的一对对角，故它们相等，从而有：

$\angle A_1A_2B_1 = \angle B_1B_2C_1$。

所以，两个等腰三角形：$\triangle A_1A_2B_1$ 与 $\triangle B_1B_2C_1$ 全等，故 $A_1B_1 = B_1C_1$。这样就有：$B_1C_2 \perp A_1C_1$。

同理可证：$A_1B_2 \perp B_1C_1$ 与 $A_2C_1 \perp A_1B_1$。

从而可知：A_1B_2、B_1C_2 与 C_1A_2 是 $\triangle A_1B_1C_1$ 的 3 条高所在直线，因此它们共点。

说明　现在回顾思考：在思路 1 的探求中，我们已经走到了问题得证的最后一步，只是在思路 1 中不易完成这一步骤。而在思路 2 中，当我们获得了 $\angle A_1A_2B_1 = \angle B_1B_2C_1$ 之后，由于在 $\triangle CA_2B_1$ 与 $\triangle AB_2C_1$ 中有 $A_2B_1 = B_2C_1$，且 $\angle C = \angle A$ 与 $\angle CA_2B_1 = \angle AB_2C_1$，从而有：$\triangle CA_2B_1 \cong \triangle AB_2C_1$，于是 $AC_1 = CB_1$，这样，$BC_2 = AB - C_1C_2 - AC_1 = AC - CB_1 - B_1B_2 = AB_2$，即有 $BC_2 = AB_2$。

同样又有：$BA_1 = AC_1$，故 $\triangle BC_2A_1 \cong \triangle AB_2C_1$。

在这样的情况下，思路 1 也可以完成问题的证明了。

例 5　（2005 年·IMO·五）如图（1）所示，在给定的四边形 $ABCD$ 中，$BC = AD$，且 BC 不平行于 AD，设点 E 和 F 分别在边 BC 和 AD 上，满足 $BE = DF$，直线 AC 和 BD 相交于点 P，直线 BD 和 EF 相交于 Q，直线 EF 和 AC 相交于 R。证明：当点 E、F 变动时，$\triangle PQR$ 的外接圆经过除点 P 外的另一个定点。

第 1 步　要证明当点 E、F 变动时，$\triangle PQR$ 的外接圆经过除点 P 外的另一个定点，首先该点一定与点 P、R、Q 四点共圆，其次它是定点，故它必定是图（1）中满足某个条件的特定点，例如它是某个三角形的内心、外心、重心等，又或者是某两线段的中垂线的交点等。

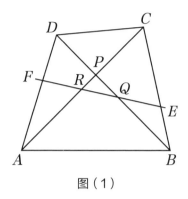

图（1）

究竟是哪个点，不易确定。

第2步 探求题中所说定点的位置。

在图（2）中，$BE_1 = DF_1$，$BE_2 = DF_2$；直线 E_1F_1 分别交 BD、AC 于 Q_1、R_1；直线 E_2F_2 分别交 BD、AC 于 Q_2、R_2。设 $\triangle PQ_1R_1$ 与 $\triangle PQ_2R_2$ 的外接圆相交于点 O，此点 O 一定是题说中的异于点 P 的另一个定点，接下来的工作就是证明它具有确定性。

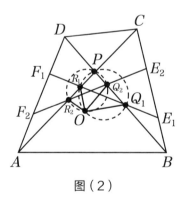

图（2）

在这里由于点 P、R_1、O、Q_1 四点共圆，点 P、R_2、O、Q_2 四点共圆，所以 $\angle R_1OQ_1$ 与 $\angle R_2OQ_2$ 都与 $\angle R_1PQ_1$ 互补，故 $\angle R_1OQ_1 = \angle R_2OQ_2$。

因此，$\angle R_1OQ_1$ 绕着点 O 旋转 $\angle Q_1OQ_2$（也是 $\angle R_1OR_2$）之后，它与 $\angle R_2OQ_2$ 重合。

此时，再来考量这个点 O 在哪里？似乎到了揭开其面纱的时候！

第3步 求证AC与BD中垂线的交点就是所求。

考虑到题设条件中还有$AD = BC$，那么在图（3）中，观察AC与BD的中垂线的交点O'，由于$O'C = O'A$、$O'B = O'D$。

又因为$AD = BC$，故有$\triangle O'BC \cong \triangle O'DA$，所以$\angle O'BE = \angle O'DF$、$\angle BO'E = \angle DO'F$。

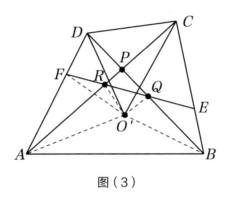

图（3）

再观察$\triangle O'BE$与$\triangle O'DF$，$O'B = O'D$，$BE = DF$。

故$\triangle O'BE \cong \triangle O'DF$。因此$O'E = O'F$，所以$\triangle O'EF$是等腰三角形。又$\angle BO'E = \angle DO'F$，故顶角$\angle BO'D = \angle EO'F$，所以两个等腰三角形：$\triangle O'EF \backsim \triangle O'BD$。

同样的，由于顶角$\angle AO'C = \angle BO'D$，还有$\triangle O'AC$也与$\triangle O'BD$、$\triangle O'EF$相似。

从而它们的底角相等，于是有：D、F、O'、Q四点共圆，A、O'、R、F四点共圆。

这样就有：$\angle O'RA = \angle O'FA = \angle O'QP$。

故点P、R、O'、Q四点共圆。

于是AC与BD两线段中垂线的交点O'就是第2步中所说的点O。

至此，问题得证。

说明 在以上问题的探求过程中，定点 O 的确定既是重点又是难点，面对类似问题，如何因势利导、顺势而为地步步推进，直至目标达成是我们需要好好研究提高的。

例 6 （2008 年·IMO·一）已知 H 是锐角三角形 ABC 的垂心，以边 BC 的中点 A_0 为圆心，过点 H 的圆与直线 BC 相交于 A_1、A_2 两点；以边 CA 的中点 B_0 为圆心，过点 H 的圆与直线 CA 相交于 B_1、B_2 两点，以边 AB 的中点 C_0 为圆心，过点 H 的圆与直线 AB 相交于 C_1、C_2 两点，证明：六点 A_1、A_2、B_1、B_2、C_1、C_2 共圆。

思路 1 先作出示意图，如图（1）所示，为了证明：A_1、A_2、B_1、B_2，C_1、C_2 6 点共圆，想寻找其圆心 O，而点 O 应满足：$OA_1 = OA_2 = OB_1 = OB_2 = OC_1 = OC_2$。

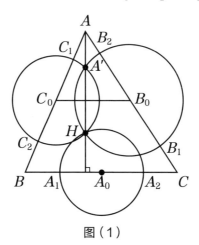

图（1）

因此这个点 O 必定是 A_1A_2、B_1B_2 与 C_1C_2 中垂线的交点，这样，我们就面临着两个问题：

① 一个是这三条线段的中垂线是否相交于一点？

线段 A_1A_2、B_1B_2 与 C_1C_2 的 3 条中垂线，实际上就是 $\triangle ABC$ 3 边的中垂线，故

它们相交于一点，该点就是 $\triangle ABC$ 的外心。

② 另一个问题是：$\triangle ABC$ 的外心 O 到 A_1、A_2、B_1、B_2、C_1、C_2 的距离是否都相等？

这样，我们就遇到了思路 1 背景下的难点，能否突破这个难点，就成为该题能否顺利得证的关键。

我们将此问题的探证留给读者思考吧！

思路 2 由于要证明六点共圆，则其中的任意四点一定共圆。因此，我们能否通过其中的某些四点共圆来探求是否有六点共圆呢？

在图（1）中，设 $\odot C_0$ 与 $\odot B_0$ 相交于 H、A' 两点，弦 $A'H$ 是这两个圆的公共弦，故其连心线 $B_0C_0 \perp A'H$。

又由于 $B_0C_0 /\!/ BC$，所以 $A'H \perp BC$，从而可知：$A'H$ 与 AH 重合。因此由切割线定理知：

$$AC_1 \cdot AC_2 = AA' \cdot AH，且 AB_1 \cdot AB_2 = AA' \cdot AH。$$

于是 $AC_1 \cdot AC_2 = AB_1 \cdot AB_2$。所以 C_1、C_2、B_1、B_2 四点共圆。

同理可证：A_1、A_2、B_1、B_2 四点共圆，以及 A_1、A_2、C_1、C_2 四点共圆。

于是在图（2）中，$\triangle ABC$ 的 3 边中垂线也是线段 A_1A_2、B_1B_2 与 C_1C_2 的中垂线，设其交点为 O，则由于 C_1、C_2、B_1、B_2 四点共圆，点 O 就是该圆的圆

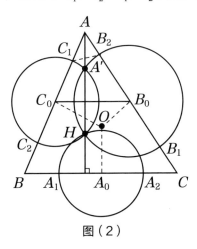

图（2）

心，所以 $OC_1 = OC_2 = OB_1 = OB_2$，又由于 A_1、A_2、C_1、C_2 四点共圆，故 $OA_1 = OA_2 = OC_1 = OC_2$。

于是点 O 到六点 A_1、A_2、B_1、B_2、C_1、C_2 的距离都相等。即这六点共圆。

 （1）在思路 2 中，关键之处是发现了 $A'H$ 与 AH 重合，这样才能利用切割线定理得到 C_1、C_2、B_1、B_2 四点共圆。

（2）在思路 1 中，最后 $\triangle ABC$ 的外心到 A_1、A_2、B_1、B_2、C_1、C_2 6 点等距的证明可以通过勾股定理来完成。有兴趣的读者可以继续探究。

 （2016 年 · IMO · 一）在直角三角形 BCF 中，点 A 在直线 CF 上且 $FA = FB$，并且 F 在 A、C 之间。$DA = DC$，并且 AC 是 $\angle BAD$ 的平分线。$EA = ED$ 且 AD 是 $\angle EAC$ 的角平分线。M 是 FC 的中点，四边形 $AMXE$ 是平行四边形。证明：ME、FX、BD 三线共点。

解 先作出符合题意的示意图（1）

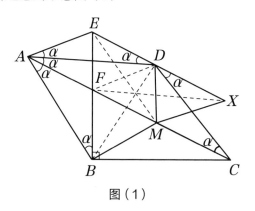

图（1）

由题设条件，我们可设：$\angle BAF = \angle ABF = \angle DAC = \angle DAE = \angle ADE = \angle ACD = \angle CDX = \alpha$。并且可知：$AB // CD$。

连 ME、FX、BD。

思路 1 为了证明：ME、FX、BD 三线共点，在图（1）中，我们考虑其中的两条线段分别与第三条线段相交，其交点分第三条线段的比例相等，那么这 3 条线段共点。

可是这种比例无法确定，因此，这种思路不可取。

思路2 观察 ME、FX、BD 三线段是否为某个三角形的 3 条高线，或者是 3 条中线，又或者是 3 条内角平分线等。如果是其中之一，则三线段共点。但是 BM 与 MX 并不共线，因此这样的三角形在此并没现成的，所以此种思路也不可取。

思路3 结合题设条件，深入探究之后，可以发现图（1）中有一组四点共圆与两组五点共圆，如果 ME、FX、BD 是它们中两圆的公共弦，那么这三条线就相交于一点。

第1步 证明：点 D 是 $\triangle ABC$ 的外心，点 E 是 $\triangle AFD$ 的外心。

所以就是要证：$DB = DA$，即证 $\angle ABD = 2\alpha$。

假设 $\angle ABD > 2\alpha$（即 $AD > DB$），

由于 $AB // CD$，则 $\angle BDC = \angle ABD > 2\alpha$。

所以 $\angle DBC = (90° + \alpha) - \angle ABD < (90° + \alpha) - 2\alpha = 90° - \alpha$。

又由于 $\angle DCB = \angle BCF + \alpha = 90° - \angle BFC + \alpha = 90° - \alpha$，

于是 $\angle DBC < \angle DCB$，从而有：$DC < DB$，于是 $DC < AD$。

这样与 $AD = DC$ 相矛盾。同样若 $AD < DB$，也有矛盾。

故 $AD = DB$。所以点 D 是 $\triangle ABC$ 的外心。

同理，可以证明：点 E 是 $\triangle AFD$ 的外心。

第2步 证明：BF 与 EF 共线。

在图（2）中，连 EF、FD，由于点 E 是 $\triangle AFD$ 的外心，

于是 $\angle AFE = \angle EAF = 2\alpha$，

而且 $\angle BFC = \angle FAB + \angle FBA = 2\alpha$。

于是 $\angle BFC = \angle AFE$。

故 BF 与 EF 所在直线重合。

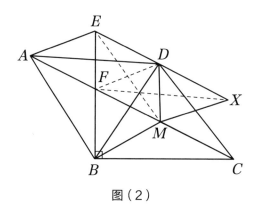

图（2）

第3步 证明：A、B、M、D、E 五点共圆，B、C、X、D、F 五点也共圆。

（1）证明：A、B、M、D、E 五点共圆，首先由于 $\angle ABE = \angle ADE = \alpha$，所以 A、B、D、E 四点共圆。

其次考虑点 M 也在这个圆上，则需要证明：$\angle AEB = \angle AMB$。

由于 $\angle AEB = 180° - 4\alpha$，$\angle AMB = 2\angle BCF = 2(90° - 2\alpha) = 180° - 4\alpha$。

所以 A、B、M、E 四点共圆。

这样 A、B、M、D、E 五点共圆，设其为 $\odot O_1$；

（2）证明：B、C、X、D、F 五点共圆。

首先由于 $\angle FBD = \alpha$ 且 $\angle FCD = \alpha$，

故 B、C、D、F 四点共圆。

考虑到 $\triangle BCF$ 是直角三角形，所以这里涉及的五点共圆，该圆就是 $\triangle BCF$ 的外接圆，又由于点 M 是 CF 的中点，所以只要证明 $MX = MD = \dfrac{1}{2}CF$，就有 B、C、X、D、F 五点共圆。

因为 $AB // CD$，$\angle BDC = \angle DBA = 2\alpha$，而且 $DB = DC$、$MB = MC$，

所以 $\triangle BDM \cong \triangle CDM$，从而 $\angle BDM = \angle CDM = \alpha$，所以 $\angle MDX = 2\alpha$

又因为 $\square AMXE$，所以 $\angle MXD = \angle EAF = 2\alpha$。

于是 $MD = MX$，所以点 X 也在这个外接圆上，

故 B、C、X、D、F 五点共圆，设其为 $\odot O_2$；

第4步 证明：E、F、M、X 四点共圆。

由于 $\angle FEX = 2\alpha$，$\angle MXE = 2\alpha$，$FM /\!/ EX$

故四边形 $EFMX$ 是等腰梯形。

因此，E、F、M、X 四点共圆，设其为 $\odot O_3$；

第5步 由于 EM 是 $\odot O_1$ 与 $\odot O_3$ 的公共弦；

FX 是 $\odot O_2$ 与 $\odot O_3$ 的公共弦；

BD 是 $\odot O_1$ 与 $\odot O_2$ 的公共弦。

因此由蒙日定理知：这三条公共弦共点，即 EM、FX、BD 共点。

说明　　（1）在以上5步的证明里，第1步是十分重要的，其中的证明较难，为此，我们采用了反证法；

（2）这里所谓的蒙日定理，就是指：如图（3）所示的三圆：$\odot O_1$ 与 $\odot O_2$ 的公共弦 A_1A_2、$\odot O_2$ 与 $\odot O_3$ 的公共弦 B_1B_2、$\odot O_1$ 与 $\odot O_3$ 的公共弦 C_1C_2，则3条弦 A_1A_2、B_1B_2、C_1C_2 共点。

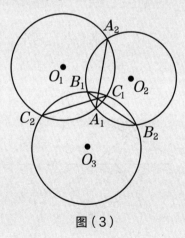

图（3）

下面我们采用解析几何的方法进行证明：

设三圆的方程为：

⊙O_1 的方程：$x^2 + y^2 + D_1 x + E_1 y + F_1 = 0$；

⊙O_2 的方程：$x^2 + y^2 + D_2 x + E_2 y + F_2 = 0$；

⊙O_3 的方程：$x^2 + y^2 + D_3 x + E_3 y + F_3 = 0$。

于是公共弦 $A_1 A_2$ 的方程为：$(D_1 - D_2)x + (E_1 - E_2)y + F_1 - F_2 = 0$　　①；

于是公共弦 $B_1 B_2$ 的方程为：$(D_2 - D_3)x + (E_2 - E_3)y + F_2 - F_3 = 0$　　②；

于是公共弦 $C_1 C_2$ 的方程为：$(D_1 - D_3)x + (E_1 - E_3)y + F_1 - F_3 = 0$　　③。

由于①＋②＝③，

所以 $A_1 A_2$ 与 $B_1 B_2$ 的交点在 $C_1 C_2$ 上。

故 3 条公共弦共点。

例 8　　（2012 年·IMO·一）设 J 是 △ABC 顶点 A 所对旁切圆圆心，该旁切圆与边 BC 相切于点 M，与直线 AB 和 AC 分别相切于点 K 和 L，直线 LM 和 JB 相交于点 F，直线 KM 与 JC 相交于点 G，设 S 是直线 AF 和 CB 交点，T 是直线 AG 和 BC 交点，证明：M 是线段 ST 的中点。

思路 1　　在这里要证明：$SM = MT$。是否能找到两个全等三角形，而 SM 与 MT 又是它们的一对对应边呢？在图（1）中连 JS、JT 与 JM。

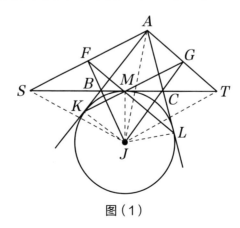

图（1）

为此，我们观察 Rt△JMS 与 Rt △JMT。

但从题设条件出发，不易求证它们全等。故思路 1 无法继续推证下去……

思路 2 ▶ 观察 △SMF 与 △MTG，如果它们全等，则 SM = MT。那么，这两个三角形是否全等呢？可以先考虑它们是否相似？

为此，我们要研究：是否有 MG//AS 与 FM//AT？

在图（2）中，由于四边形 BKJM 是筝形，故 JB⊥KM，同样由于四边形 CMJL 是筝形，故 JC⊥ML。所以我们只要证明：JF⊥AS 与 JG⊥AT。

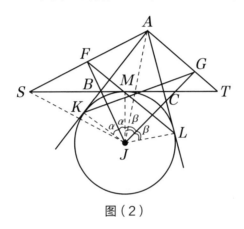

图（2）

设 ∠KJB = ∠MJB = α，∠MJG = ∠LJG = β。

由于四边形 AKJL 是筝形，所以 AJ 平分 ∠KJL，于是 2α + ∠MJA = 2β − ∠MJA。因此，∠AJF = α + ∠MJA = β。又因为 ∠ALF = β，故 ∠ALF = ∠AJF。

故 A、F、J、L 四点共圆。

又由于 JL⊥AL，因此 JF⊥AS。

从而有：KG//AS，即 MG//SF。

同理可证：FM//GT。

这样，就有了：△SMF ∽ △MTG。

但是要证明它们全等，则还需一对对应边相等，这是一道坎，如何跨越？

思路 3 ▶ 在图（2）中有圆的 3 条切线，根据切线长定理，我们有：AK = AL、BK = BM 与 CM = CL。

考虑到要证明：SM = MT，那么，SM 与 MT 是否与这些切线长有关系呢？例

如 $SM = AK$ ，而 $MT = AL$ 。

由于 $\begin{cases} BK = BM \\ CL = CM \end{cases}$ ，故要证明：$\begin{cases} BS = BA \\ CA = CT \end{cases}$ ，

从而又转化为要证明：$\begin{cases} \angle BSA = \angle BAS \\ \angle CTA = \angle CAT \end{cases}$ 。

由于 $\begin{cases} \angle BKM = \angle BMK \\ \angle CML = \angle CLM \end{cases}$ ，因此只要证明：$KM /\!/ AS$ ，$LM /\!/ AT$ 。

关于这个结论，思路 2 中已有严密求证。

> **说明**　　在以上的思路分析中，我们是从要证明结论入手，结合题设条件不断逆向推证。同时，我们没有钻牛角尖而是不断地根据分析过程得到的新成果，逐步作出调整，最终获得正确的解题思路。